Konstruktionen aus dem Dampfturbinenbau

Sammlung von Konstruktionszeichnungen
für Technische Hochschulen, höhere Maschinenbauschulen
Ingenieure und Techniker

Von

Dr.-Ing. A. Loschge
o. Professor, Technische Hochschule München

Unter Mitwirkung von

Dr.-Ing. Heinz Blenke   und   **Dipl.-Ing. Karl Rüger**
BASF, Konstr.-Abt., Ludwigshafen/Rh.   Dozent am O. v. Miller-Polytechnikum München

Zweite neubearbeitete Auflage

Mit 199 Abbildungen

Springer-Verlag
Berlin/Göttingen/Heidelberg
1955

Vorwort zur zweiten Auflage.

Die 1. Auflage der „Konstruktionen aus dem Dampfturbinenbau" ist erfreulicherweise gut aufgenommen worden, so daß sie in verhältnismäßig kurzer Zeit vergriffen war. Da das Fehlen der Skizzensammlung den Unterrichtsbetrieb sehr erschwerte, war man an der Hochschule sehr erfreut, als der Springer-Verlag vor einiger Zeit sich entschloß, trotz der vielen Zeichnungen und der dadurch bedingten hohen Herstellungskosten eine Neuauflage in Angriff zu nehmen. Es setzte dies natürlich eine völlige Neubearbeitung voraus.

Als Mitherausgeber konnte diesmal Herr Dr.-Ing. Schnakig, jetzt Betriebsdirektor des Städt. Gaswerkes Nürnberg, leider nicht mehr wirken. An seiner Stelle standen mir mit größter Hingabe zunächst Herr Dr.-Ing. Heinz Blenke, früher 1. Assistent an der T. H. (Lab. für Wärmekraftmaschinen), jetzt BASF Ludwigshafen a. Rh. — dieser vor allem für die wichtige Aufgabe der Beschaffung und der Auswahl der Konstruktionsunterlagen — und nach dessen Weggang von der Hochschule Herr Dipl.-Ing. K. Rüger, bisher 1. Assistent an der T. H. (Lehrstuhl für Wärmekraftmaschinen), jetzt Dozent am Oskar von Miller-Polytechnikum, zur Seite.

Bei der Neubearbeitung haben wir für Lehrzwecke zur Kennzeichnung der raschen und weitgehenden Entwicklung, welche der Dampfturbinenbau im Laufe der Zeit erfahren hat, manche der älteren Abbildungen aus der 1. Auflage übernommen. Wir waren aber bestrebt, in erster Linie die heute verwendeten Konstruktionen für die wichtigsten Einzelteile und für die vollständigen Maschinen in das Heft aufzunehmen. Die bedeutendsten Dampfturbinenfabriken des In- und auch des Auslandes unterstützten uns dabei in großem Umfange. Herr Obering. Dipl.-Ing. Reuter der Brown, Boveri & Cie A.-G. in Mannheim hat uns hier durch seinen sachkundigen Rat bei der Auswahl der Abbildungen und bei der Abfassung des Textes wertvolle Hilfe geleistet.

Möge auch der neuen Auflage eine gute Aufnahme an Hoch- und Fachschulen beschieden sein.

München, im April 1955.

August Loschge.

Inhaltsverzeichnis.

A. Axialturbinen.

	Seite
I. Düsen und Leitschaufeln	1
II. Leiträder (Zwischenböden)	3
III. Laufschaufeln	4
IV. Schaufelbefestigungen, Schaufelschlösser	6
V. Abdichtungen an Schaufeln	9
VI. Nabenabdichtungen (Innenstopfbüchsen)	10
VII. Entwässerung an der Niederdruckschaufelung	11
VIII. Läufer	12
a) Radscheiben und ihre Befestigung	12
b) Trommeln	13
IX. Außenstopfbüchsen	13
X. Lager	16
a) Traglager	16
b) Drucklager	17
XI. Kupplungen und Getriebe	19
XII. Gehäuse	20
XIII. Fundamentrahmen	25
XIV. Regelung	26
XV. Regelungseinzelheiten	31
XVI. Kleinturbinen	34
XVII. Kondensationsturbinen mittlerer und großer Leistung	37
XVIII. Gegendruck- und Vorschaltturbinen	52
XIX. Entnahmeturbinen	59
XX. Schiffsturbinen	65

B. Radialturbinen.

XXI. Ljungströmturbine (MAN Gegenlaufturbine) . 70	XXII. Siemens-Einläufer-Radialturbine (SSW) . . . 72

C. Schaltungen von Dampfturbinen 74

D. Neuere Entwicklung im Dampfturbinenbau 76

ISBN 978-3-540-03923-5 ISBN 978-3-642-47415-6 (eBook)
DOI 10.1007/978-3-642-47415-6

Alle Rechte, insbesondere das der Übersetzung in fremde Sprachen, vorbehalten.
Ohne ausdrückliche Genehmigung des Verlages ist es auch nicht gestattet,
dieses Buch oder Teile daraus auf photomechanischem Wege
(Photokopie, Mikrokopie) zu vervielfältigen.

A. Axialturbinen.
I. Düsen und Leitschaufeln.

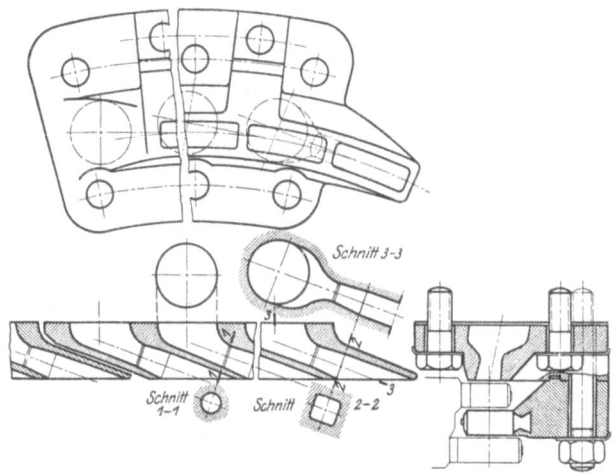

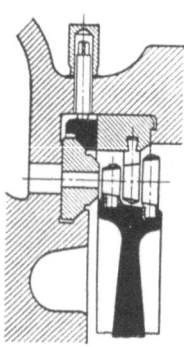

Abb. 5. Befestigung der Düsensegmente im Gehäuse (BBC) (s. Abb. 2).

Abb. 1. Gegossene Düsen (AEG). Vorteil: Einfache Herstellung. Nachteil: Schlechte Bearbeitbarkeit, deshalb größere Reibungsverluste.

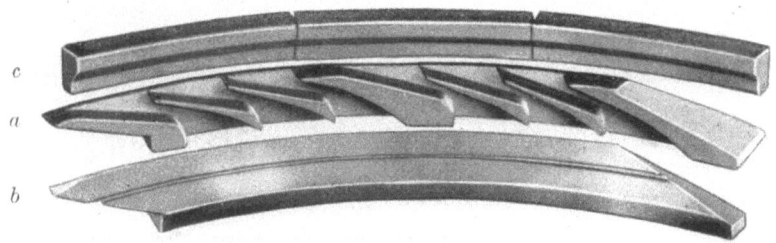

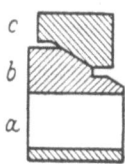

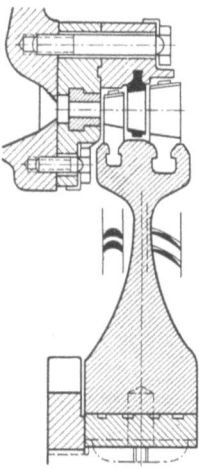

Abb. 2. Gefräste Düsen (BBC) allseits bearbeitet. Die Düsenkanäle sind in entsprechende Segmente a aus Nickelstahl eingefräst und durch einen Deckring b geschlossen, der durch ein Druckstück c angepreßt wird (s. auch Abb. 5). Bei hohen Drücken und Temperaturen arbeitet BBC die Segmente mit den Frischdampfdüsen einteilig aus dem Vollen heraus, um Leckverluste durch Spalte, die bei den zusammengesetzten Düsen auftreten können, zu vermeiden (s. Abb. 3).

Abb. 6. Gebaute Düse mit Curtisrad (AEG). Düsen (aus dem vollen gefräst, ähnlich Abb. 11) in einem besonderen Düsenträger mit schwalbenschwanzförmigen Füßen eingesetzt.

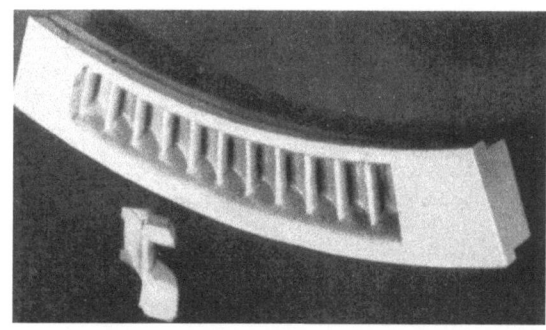

Abb. 3. Aus dem Vollen herausgearbeitetes Düsensegment (Einstückkörper) (BBC). Aus einem Stück geschmiedeten Stahls herausgearbeitet. Für höchste Drücke und Temperaturen angewandt, da zusammengesetzte Düsen üblicher Bauart (s. Abb. 2) Leckverluste durch Spalte aufweisen können.

Abb. 4. Geschweißte Düsen für Höchstdruck und Höchsttemperatur (BBC). Durch Verschweißen mehrerer Düsenelemente entsteht nach Bearbeitung ein Düsensegment ähnlich dem in Abb. 3 dargestellten, aus dem Vollen gefrästen. Genaue Bearbeitung der dampfführenden Teile möglich bei absoluter Dichtheit des fertigen Segmentes.

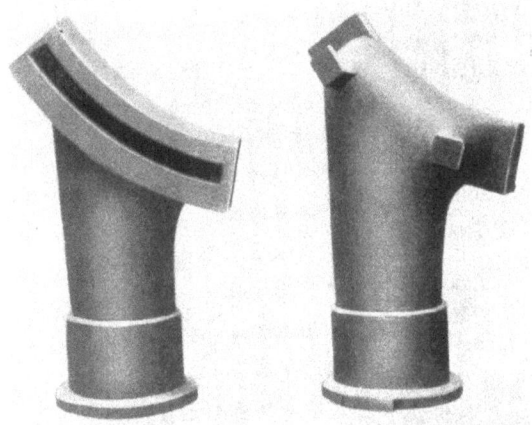

Abb. 7a. **Vorder- und Rückansicht eines einzuschweißenden Düsenkastens** im Rohzustand (BBC). Hitzebeständiger Stahlguß. In Öffnung — Bild links — wird nach Bearbeitung das Düsensegment in eine T-Nut eingeschoben. Angegossene Füße auf Rückseite für genaues Aufspannen auf Drehbank werden nachträglich abgeschnitten.

Abb. 7b. **Zylinderoberteil mit zwei eingeschweißten Düsenkästen** (BBC). Links ist Düsensegment ganz, rechts erst halb eingeschoben. Man beachte die völlig freie Dehnungsmöglichkeit der Düsenkästen (s. hierzu Abb. 159 u. 163).

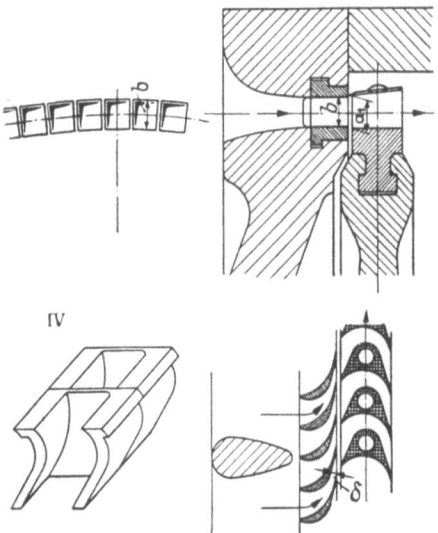

Abb. 8. **Leiträder mit gebauter Düse** (EW). Allseitig bearbeitete Leitradschaufeln (Düsen) im Leitrad befestigt; Verbindung des äußeren Leitradringes mit der Leitradscheibe durch Gußstege (tropfenförmig) vor jeder 4. oder 5. Schaufel, so daß die wirklichen Leitradschaufeln fast keine Kräfte zu übertragen haben. Geschlossener Austritt des Dampfstrahls, weil Verengung durch die dünnen Wandstärken am Schaufelaustritt gering.

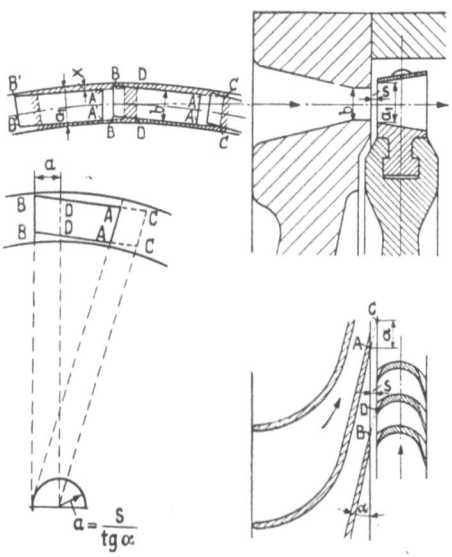

$$a = \frac{s}{\operatorname{tg}\alpha}$$

Abb. 10. **Leitrad mit eingegossenen Blechschaufeln** (EW). Man beachte die schräggestellten Leitradkanäle $A-A$, $B-B$, so daß bei gerader Kanalachse der Dampfstrahl nach Durchströmen des Spaltes s mit seinen Begrenzungslinien $C-C$, $D-D$ sich den radial gestellten Laufschaufeln gut anpaßt. Die Schrägstellung der Leitradaustrittskanten $A-A$, $B-B$ ergibt sich aus der links unten gezeigten Konstruktion.

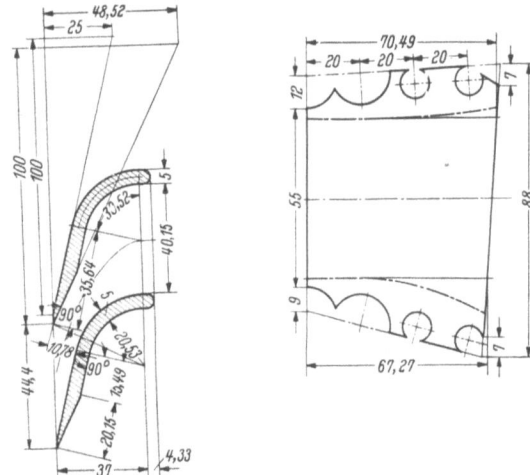

Abb. 9. **Blechleitschaufeln** (AEG) im Zwischenboden eingegossen; deshalb zur besseren Bindung Aussparungen am Blech; Abrunden der Eintrittskante; Zuschärfen der Austrittskante; Anwendung nur bei größeren Schaufellängen.

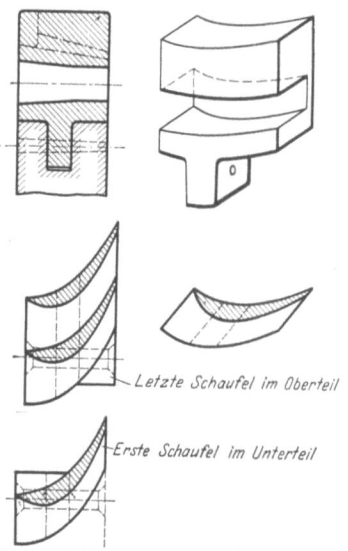

Abb. 11. **Gefräste Leitschaufeln** (EBM, MAN). Die Schaufelstücke sind mit ihrem etwas konischen Fuß in die Leitradscheiben eingesetzt und vernietet; äußerer Leitradkranz durch den Kopf der Schaufeln gebildet; diese Ausführung vor allem geeignet für Vielstufenmaschinen (nach Bauart Brünn). Die strichpunktierte Linie in der linken oberen Figur zeigt einen Überlastkanal (s. auch Abb. 12.)

II. Leiträder (Zwischenböden).

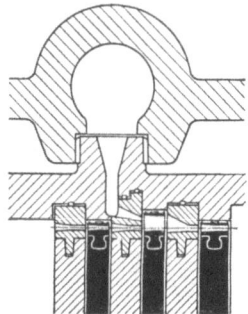

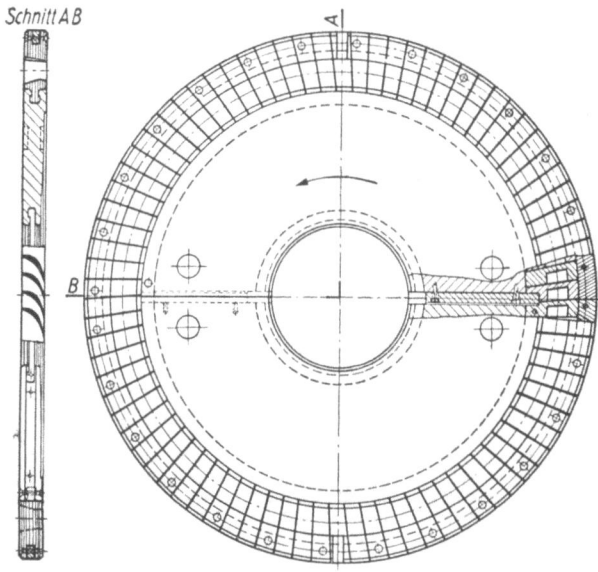

Abb. 12. **Überlastdüse** (EBM) aus dem Vollen herausgearbeitet, ähnlich Abb. 11. Eine Trennung der beiden mit verschiedenen Geschwindigkeiten strömenden Dampfstrahlen findet in der folgenden Laufschaufel nicht statt.

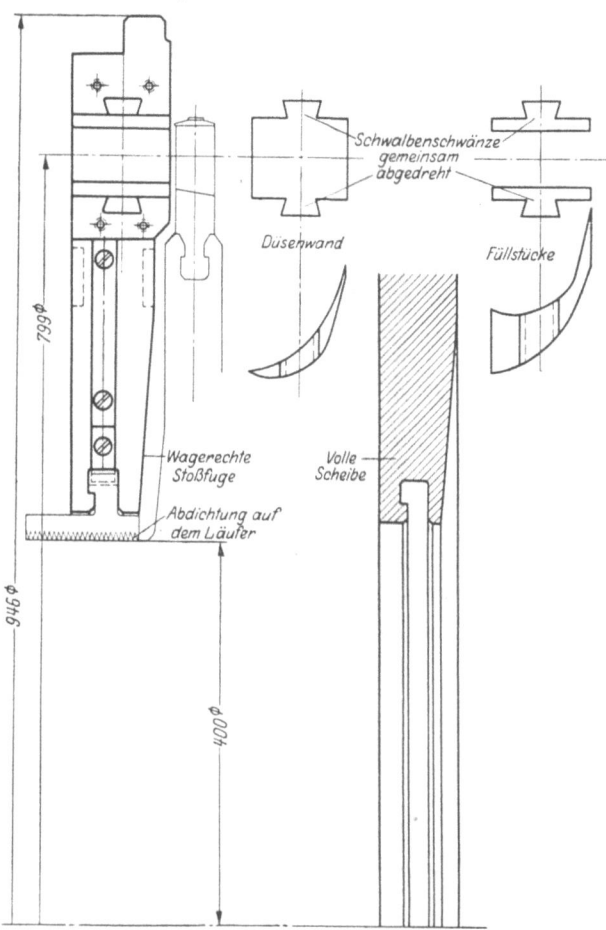

Abb. 14. **Zweiteiliger gebauter Zwischenboden** für mehrstufige Hochdruckturbine mit Einstückläufer (AEG).

Abb. 15. **Zweiteiliger gebauter Zwischenboden** mit Düsenwänden und Füllstücken (AEG); nur für kleine Druckunterschiede, sonst Ausführung nach Abb. 14.

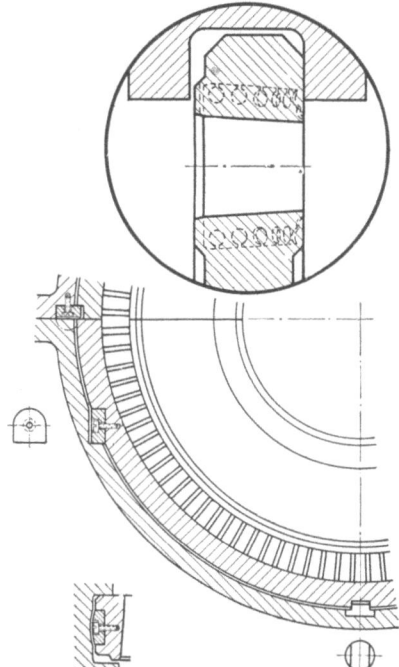

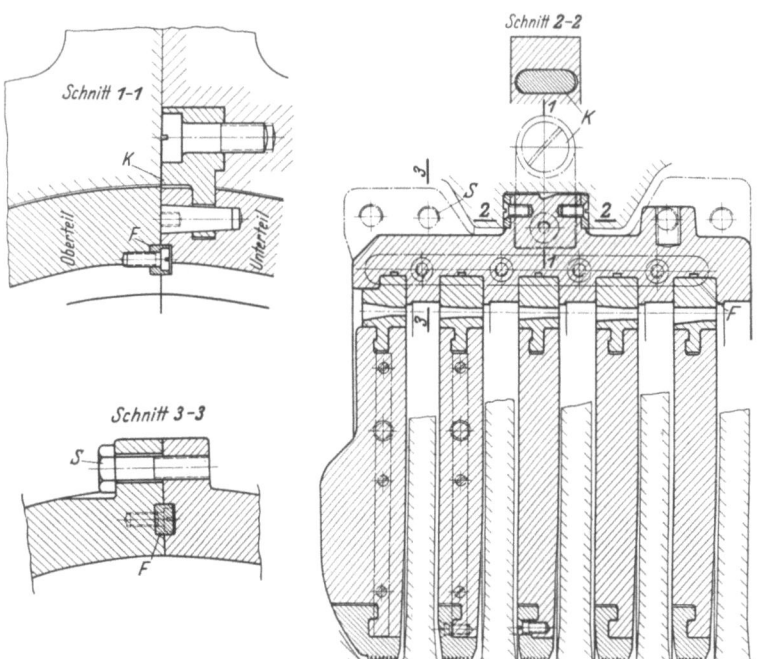

Abb. 13. **Zweiteiliger Zwischenboden** mit eingegossenen Leitblechen (AEG); Befestigung der Scheiben im Gehäuse durch Federkeile, so daß die Scheiben sich frei ausdehnen können und ihre Lage doch genau festgelegt ist.

Abb. 16. **Leitapparatbefestigung** (EBM); mehrere Leiträder werden in einem zweiteiligen Einsatz befestigt, dessen äußerer Bund in eine Eindrehung im Gehäuse eingesetzt wird, so daß sich der Einsatz frei ausdehnen kann.

III. Laufschaufeln.

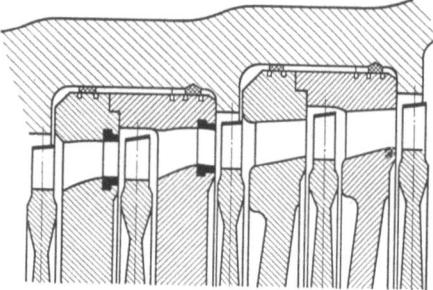

Abb. 17. **Leitradeinbau (EW).** Die Leiträder sind im Gehäuse durch Keile (s. Abb. 13) zentrisch gehalten. Profilstreifen am Umfang zur Abdichtung des mit Rücksicht auf Wärmedehnungen und evtl. Verformungen reichlichen Radialspieles und zur besseren Montage der Dichtungsschnüre.

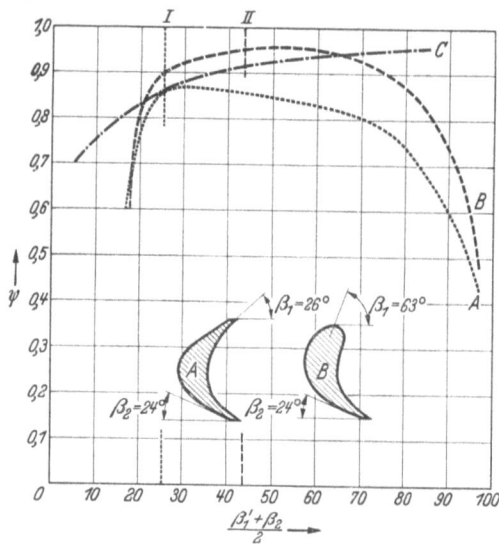

Kurve A: Spitzes Profil A mit $\beta_1 = 26° = $ const; $\beta_2 = 24°$; $\frac{\beta_1 + \beta_2}{2} = 25°$.

Kurve B: Abgerundetes Profil B mit $\beta_1 = 63° = $ const; $\beta_2 = 24°$; $\frac{\beta_1 + \beta_2}{2} = 43,5°$.

Kurve C: Profilform A, wobei jedoch jeweils $\beta_1 = \beta_1'$ ausgeführt ist.

$\beta_1 = $ ausgeführter Schaufeleintrittswinkel
$\beta_2 = $ ausgeführter Schaufelaustrittswinkel
$\beta_1' = $ Richtung der Relativgeschwindigkeit w_1
$\psi = w_2/w_1 = $ Verlustbeiwert des Gleichdruck-Laufschaufelprofiles.

Abb. 20. **Verlustbeiwerte von Gleichdruck-Laufschaufelprofilen.** Bei stoßfreiem Eintritt ($\beta_1 = \beta_1'$) ergibt Profilform A die Verlustbeiwerte gem. Kurve C. Je kleiner die Umlenkung, d. h. je größer $\beta_1 = \beta_1'$ bei $\beta_2 = $ const, um so größer ist ψ, d. h. um so kleiner ist der Laufschaufelverlust. Da ein Profil für eine bestimmte Anströmrichtung β_1' mit stoßfreiem Eintritt $\beta_1 = \beta_1'$ ausgelegt wird, im Betrieb jedoch durch Strahlablenkungen und durch Abweichungen von den Auslegungsdaten die Anströmrichtung β_1' sich ändern kann, treten dann Stoßverluste auf, die den ψ-Wert beeinflussen. Diese Abweichungen sind für das Profil A aus Kurve A und für das Profil B aus Kurve B zu ersehen, wobei die Auslegungspunkte für A bei I und für B bei II liegen. Man sieht, daß die ψ-Werte von B immer höher liegen als die von A und daß sie außerdem über einen weiten Bereich der Anströmrichtung annähernd gleich bleiben und selbst denen des Profiles A mit jeweils stoßfreiem Eintritt (Kurve C) überlegen sind. Daraus geht hervor, daß Profil B strömungstechnisch günstiger ist als Profil A und unempfindlicher gegen wechselnde Anströmrichtungen. Außerdem dürfte Profil B vorteilhaft sein in bezug auf erhöhte thermische Belastung der Eintrittskante bei hohen Temperaturen, sowie auf die zerstörende Wirkung der Wassertröpfchen in den letzten Stufen von Kondensationsturbinen. Ferner ist bei Profil B die Gefahr der Anrißbildung an der Eintrittskante geringer und der Widerstand der Profilform gegen Schaufelschwingungen größer als bei Profil A.

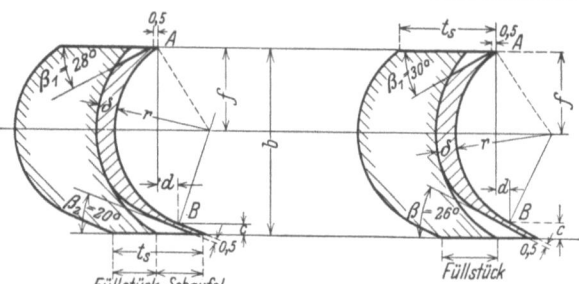

Abb. 18. **Blechschaufeln** (Zoellyschaufeln); gleichbleibende Stärke, nur Eintritts- und Austrittskante zugeschärft. Vorteil: Einfache Herstellung; Nachteil: Strahlerweiterung in der Mitte des Kanals.

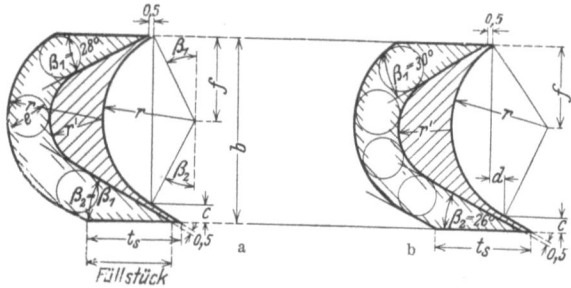

Abb. 19a u. b. **Profilschaufeln (Stockschaufeln);** Mitte verstärkt, damit Strahlstärke e unverändert bleibt (Abb. 19a), wenn $\beta_2 = \beta_1$, oder e ständig abnimmt (Abb. 19b), wenn $\beta_2 < \beta_1$; Anwendung vor allem im Hochdruckteil von Gleichdruckturbinen.

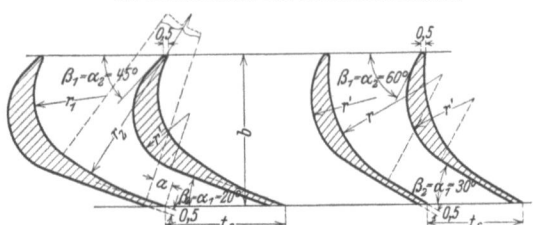

Abb. 21a. **Überdruckschaufeln älterer Art;** gestrecktere Form wegen der sehr verschiedenen Ein- und Austrittswinkel; bei Reaktionsgrad $\varrho = 0,5$ Leit- und Laufschaufeln gleiches Profil.

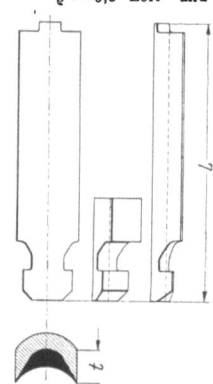

Abb. 22. **Glatte Profilschaufel mit Zwischenstück;** wegen des geschwächten Fußes nur für geringere Beanspruchungen.

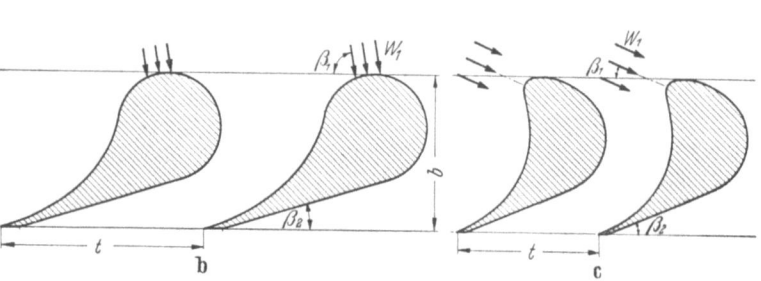

Abb. 21b. **Neueres Überdruckschaufelprofil für Unterschallgeschwindigkeit.** Man beachte den großen Profilnasenradius. Weitgehende Unempfindlichkeit gegen Änderung der Anströmrichtung ($\sphericalangle \beta_1$).

Abb. 21c. **Neueres Gleichdruckschaufelprofil für nahezu Schallgeschwindigkeit.** Man beachte auch hier die gute Abrundung des Profils an der Eintrittsnase (s. auch Abb. 21b), um das Profil unempfindlich gegen Änderung der Anströmrichtung zu machen.

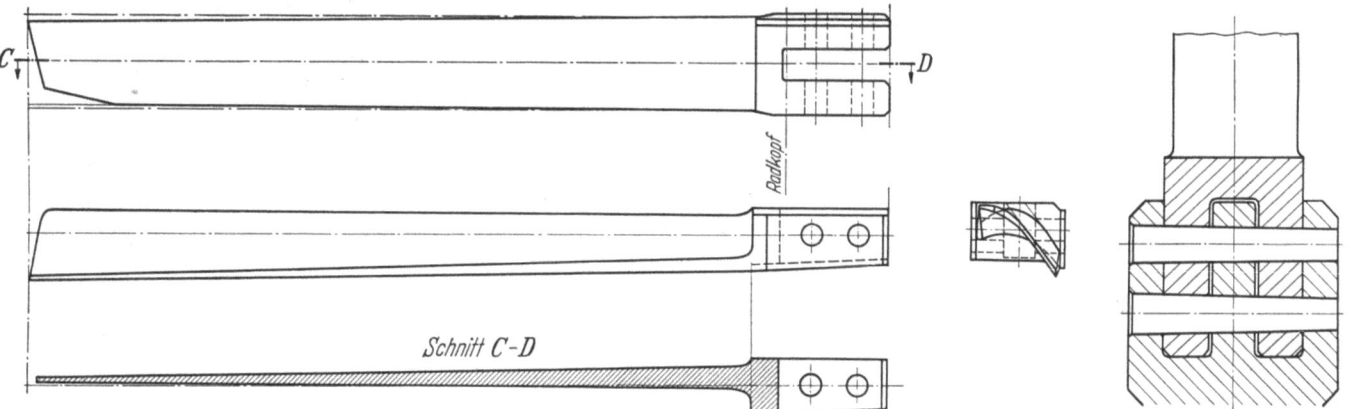

Abb. 24. **Endstufenschaufel einer Kondensationsturbine (AEG).** Der gegabelte Schaufelfuß wird in zwei Nuten des Laufradkranzes mit Passung eingesteckt und durch zwei kegelige Stifte gehalten (s. Abb. 150 und vgl. Abb. 35), Schaufel verwunden und verjüngt, vor allem in der Profildicke, weniger in der Schaufelbreite. Die Laufschaufel ist an der Spitze auf der Einströmseite zum Schutz gegen Erosion durch vom Arbeitsdampf ausgeschleuderte Wassertröpfchen abgeschrägt.

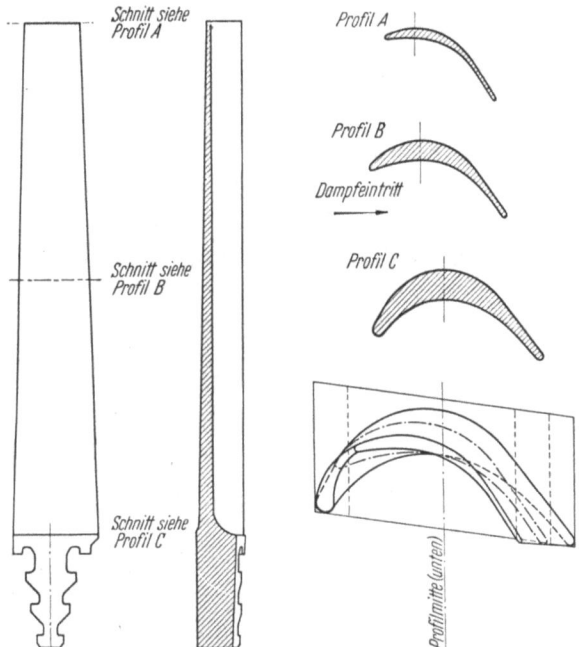

Abb. 25. **Füllstücklose Gleichdruckschaufel (MAN)** für hohe Beanspruchungen. Verwunden, um stoßfreien Eintritt über die gesamte Schaufellänge zu erhalten. Verjüngt, um Zentrifugalbeanspruchung im Schaufelfuß zu erniedrigen. Man beachte den Tannenzapfenfuß für hohe Beanspruchung und die beidseitigen Leisten am Fuß, die ein Klaffen des Radkranzes vermeiden sollen. Durch diese konstruktive Gestaltung der Schaufelbefestigung ergeben sich geringste Beanspruchungen sowohl für den Schaufelfuß, als auch für den Radkranz und vor allem auch kleine Kerbspannungen an den Ecken und Übergangstellen des Schaufelfußes.

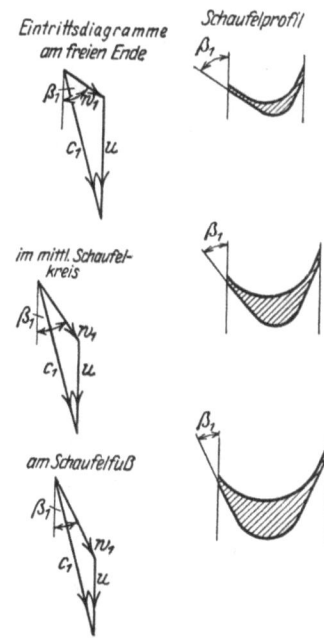

Abb. 26. **Verwundene verjüngte Gleichdruckschaufel** für große Schaufellängen; β_1 veränderlich, um an jeder Stelle entsprechend der veränderlichen Umfangsgeschwindigkeit stoßfreien Eintritt zu erhalten; β_2 = konstant. Zu beachten ist, daß die Schwerpunkte der Querschnitte auf einer zur Turbinenachse senkrechten Linie liegen müssen.

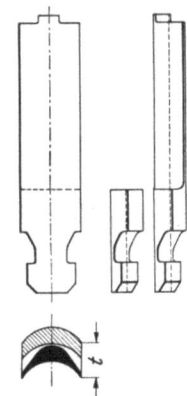

Abb. 23. **Profilschaufel mit einseitig verstärktem Fuß und Zwischenstück** für mäßig hohe Beanspruchungen.

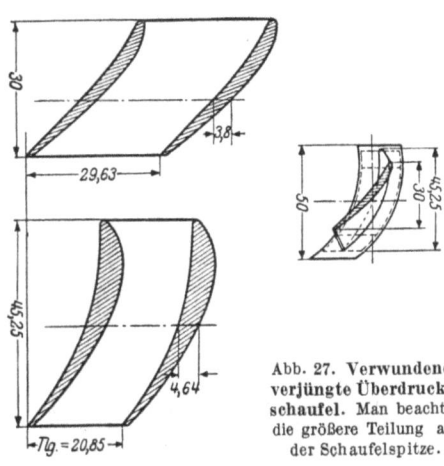

Abb. 27. **Verwundene verjüngte Überdruckschaufel.** Man beachte die größere Teilung an der Schaufelspitze.

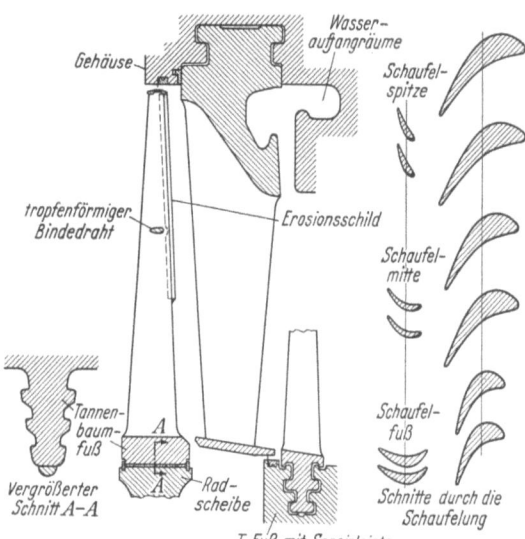

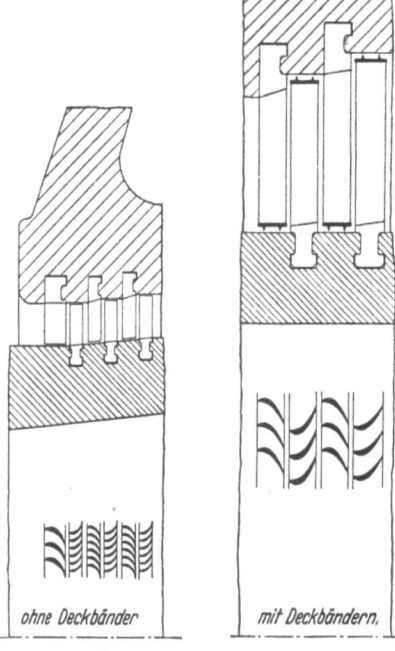

Abb. 28. **Niederdruck-Reaktionsbeschaufelung** (Westinghouse). Verwundene und verjüngte Schaufeln. Vorletzte Laufschaufeln mit Doppel-T-Fuß für hohe Beanspruchung (vgl. Abb. 25). Letzte Schaufeln axial eingeschoben mit Schaufelfuß für höchste Beanspruchung (s. Abb. 36 und 141) hier mit aufgenietetem Deckband. Man beachte die Stellitnase, die an Schaufeleintrittskante (ungefähr äußere zwei Drittel) mit Silberlot befestigt ist, um Erosion durch Tropfenschlag zu verhüten. Ausgeschleuderte Wassertröpfchen werden über Auffangräume hinter den Laufschaufeln abgeführt (s. auch Abb. 141). Bemerkenswert ist besonders die Ausführung der letzten Schaufeln mit nur einem „Bindedraht" derart, daß tropfenförmige Ansätze mit den Schaufeln aus einem Stück geschmiedet und in der Mitte zwischen 2 Schaufeln verschweißt werden; Bindung von ca. 6 Schaufeln in einem Paket. Für Schaufelschwingungen günstige Lösung, da die Wärmebehandlung nicht mehr das Schaufel- und Bindedrahtgefüge an den meistbeanspruchten Stellen stört (s. hierzu auch Abb. 36). Man beachte ferner die Labyrinthdichtungen zwischen Leitraddeckband und Trommelläuferfläche der vorletzten Stufe und jene zwischen Laufschaufeldeckband der letzten Stufe und Gehäuse.

Abb. 29 u. 30. Ausbildung des Schaufelkanals (SSW) bei Ausführung von Schaufeln mit und ohne Deckband.

IV. Schaufelbefestigungen, Schaufelschlösser

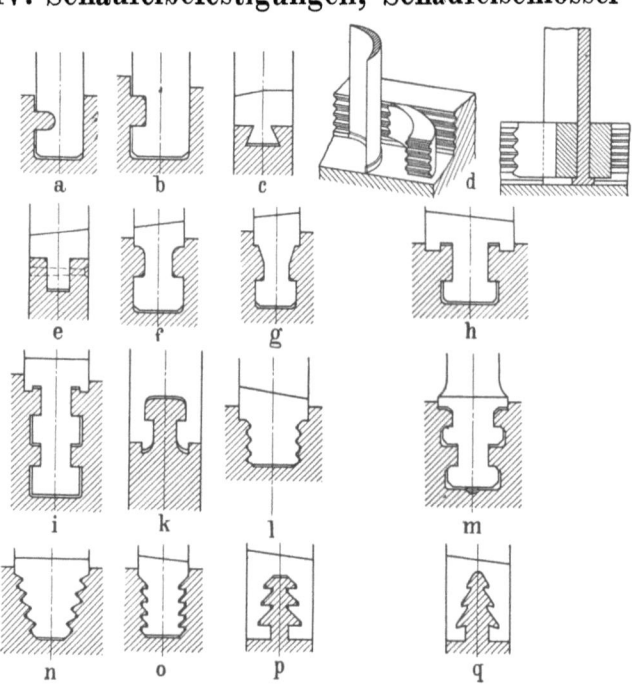

Abb. 31. Beschaufelung bei geringer Reaktion nach Brünn (MAN). Läufer aus dem Vollen (Einstückläufer) ergibt kurze Baulänge (s. Abb. 56 u. 57).

Abb. 33a—q. **Schaufelfüße.** a, b, c für Leitschaufeln oder für Laufschaufeln mit geringer Fliehkraftbeanspruchung; d, e, f, g, h für Laufschaufeln mit mittlerer und hoher Beanspruchung; i, k, l, m, n, o, p, q für Laufschaufeln mit sehr hoher Zentrifugalbeanspruchung. c Schwalbenschwanzbefestigung, f, g, h Hammerkopf; i, m doppelter Hammerkopf, k Reiterfuß, d, l, n, o Sägezahnbefestigung, p, q Tannenbaum-Reiterfuß. Bei a, b, c Nut allgemein in glattes Schaufelprofil eingefräst; Vorteil: Einfache Herstellung; d glattes Schaufelprofil mit angestauchtem Fuß, den die Zwischenstücke, die mit Nasen versehen sind und in entsprechende Rillen des Kranzes eingreifen, halten. Vorteil: Keine Schwächung des Schaufelquerschnitts, einfache Herstellung. e gefräste Schaufel, Fuß mit konischem Stift vernietet; f, g, h, k Nut bei kleinen Beanspruchungen in Profilstab eingefräst, bei höherer Belastung Schaufel am Fuß verdickt (Schaufel aus dem Vollen gefräst), so daß eine Schwächung des tragenden Querschnittes unterbleibt; i, l, m, n, o, p, q Ausführung mit verstärkten Füßen als füllstücklose Schaufeln. Man beachte die Spiele, die zur Erleichterung der Einpaßarbeiten und mit Rücksicht auf die ungleich rasche Erwärmung der Schaufeln und des Läufers angewendet werden.

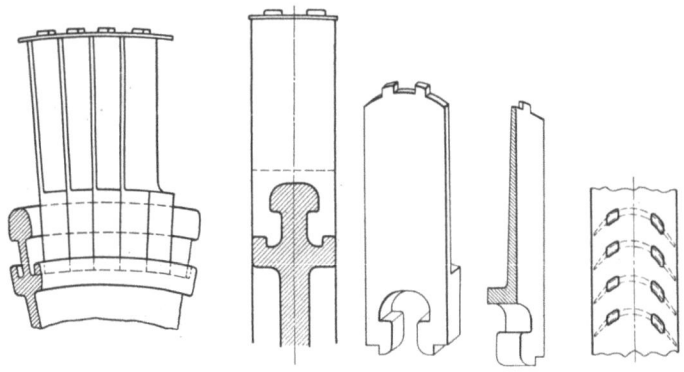

Abb. 32. Laufschaufel der ehem. Bergmann-Werke.

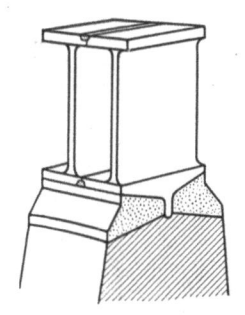

Abb. 34. **Aufgeschweißte Laufschaufeln** (BBC). Je 2 Schaufeln werden am Fuß und am Kopf zusammengeschweißt, und dieser „Schaufelzwilling" wird dann auf das Rad geschweißt. Nachträgliche Bearbeitung aller Schweißnähte.

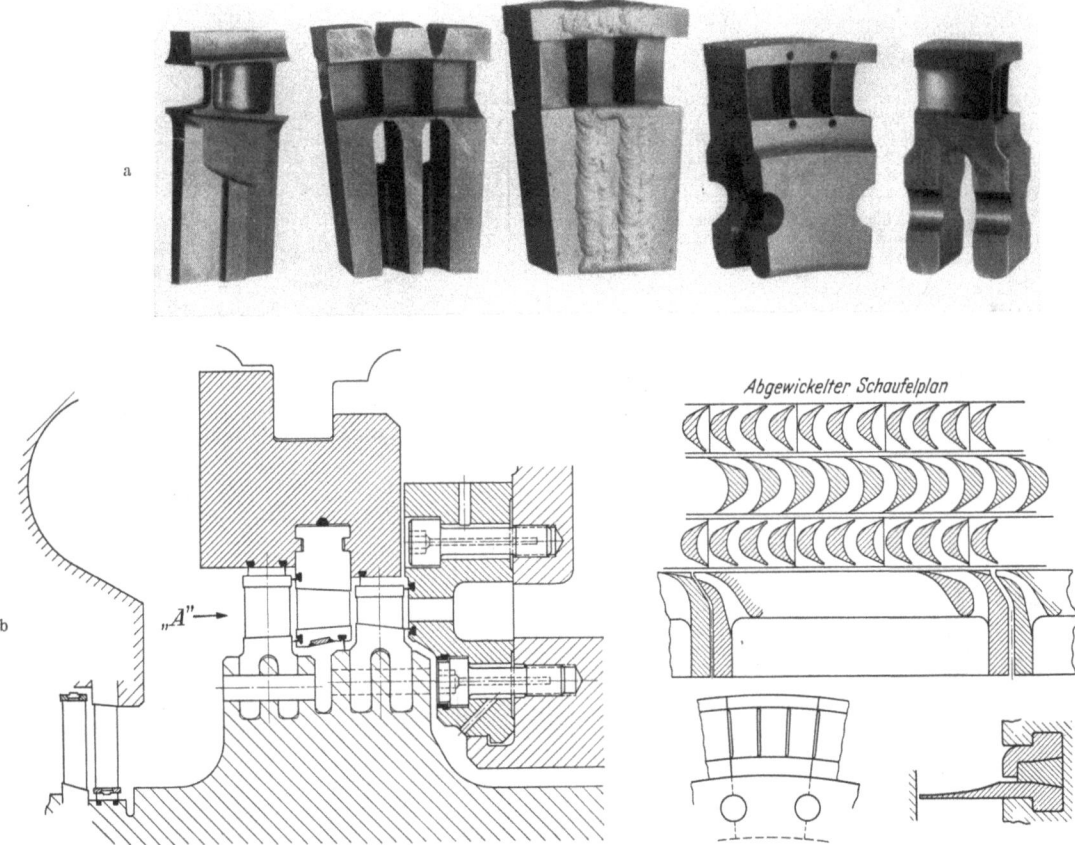

Abb. 35a u. b. **Schaufelbefestigung der Regelstufe von Höchstdruck-Höchsttemperatur-Turbinen** (Westinghouse). Jeweils 3 einzeln gearbeitete Schaufeln werden zu einem „Schaufeldrilling" zusammengeschweißt und zu der Endform der Abb. 35a bearbeitet. Man beachte die Befestigung der Schaufeln mittels axialer Bolzen, die durch Bohrungen im Kranz und Aussparungen in den Füßen jeder Schaufelgruppe gemäß Abb. 35b vorgenommen wird (vgl. Abb. 24). Sehr stabiler Schaufelverband. Bemerkenswert sind ferner die Ausbildung und Befestigung des Düsensegmentes sowie der Einbau der radialen und axialen Dichtungsstreifen (Abb. 35b). Die Turbine der Abb. 35b ist für eine Frischdampftemperatur von 600° C ausgelegt.

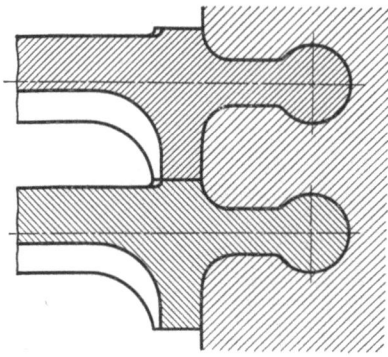

Abb. 37. **Schaufelbefestigung** der Reaktionsschaufeln im nachgeschalteten Axialteil von Ljungström-Turbinen (MAN). Die Schaufeln, deren Füße wulstartig geformt sind, werden axial in gerade Nuten eingeschoben (s. Abb. 184 und vgl. Abb. 36).

Abb. 36. **Schaufelbefestigung** (SSW) für die letzte Stufe von Reaktionsturbinen. Der Tannenbaumfuß der Schaufel wird axial in leicht gekrümmte Nuten eingeschoben und dann in axialer Richtung durch eine Art Sprengring-Segmente (s. Abb. 28) beidseitig gehalten. Bei neuesten Ausführungen werden die Schaufeln **ohne jegliche Versteifung durch Deckband oder Bindedraht** (vgl. dagegen Abb. 28) ausgeführt, da diese Art der Schaufelbefestigung eine feste Einspannung ergibt, so daß zusammen mit hoher Formsteifigkeit über die ganze Schaufellänge eine hohe Eigenfrequenz der Schaufelung und damit große Sicherheit gegen Schwingungsschaufelbrüche erzielt wird.

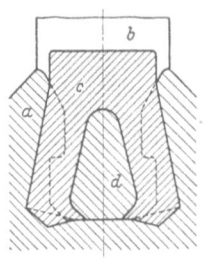
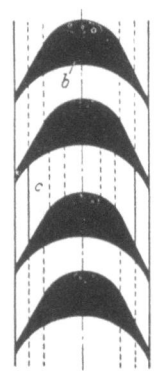

Abb. 38. **Laufschaufelschloß** (AEG). *a* Schaufelträger, *b* Laufschaufel, *c* Kupferreiter, *d* Stahlkeil; Aussparung zum Einbringen der Schaufelfüße; nach der Beschaufelung wird der Reiter über den Stahlkeil gehämmert, so daß er die ganze Aussparung ausfüllt.

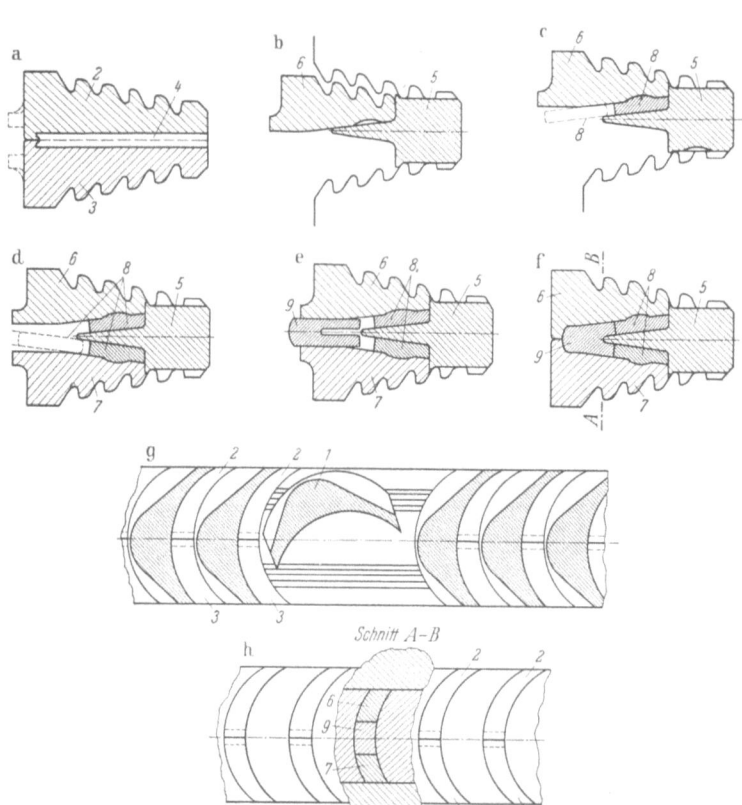

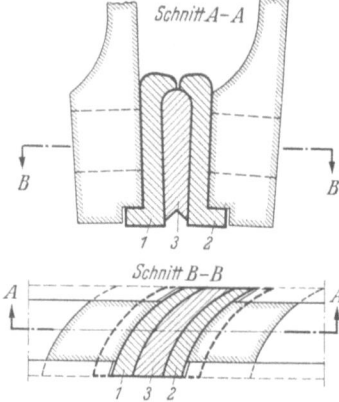

Abb. 39. **Laufschaufelschloß** (SSW). Aussparung von der größten Breite des Laufschaufelfußes zum Einsetzen des dreiteiligen Laufschaufelschlosses (*1, 2, 3*). Die Teile *1* und *2* greifen unter die Füße der anliegenden Schaufeln und werden durch Einstemmen des konischen Zwischenstückes *3* gegen diese gepreßt. Es werden dann die Teile *1* und *2* über *3* umgenietet.

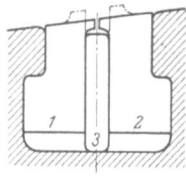
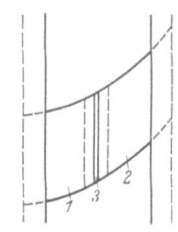

Abb. 40. **Laufschaufelschloß** (BBC). Die Teile *1* und *2* des dreiteiligen Schlußstückes werden durch Teil *3* in die T-Nut für die Schaufelfüße gepreßt, während Teil *3* durch Umnieten der Nasen an den Teilen *1* und *2* gehalten wird.

Abb. 41a—h. **Laufschaufelschloß** für Endstufen mit Tannenzapfenfuß und Füllstücken (AEG). Schaufeln *1* werden durch Verdrehen eingesetzt (Abb. 41g). Geteilte Füllstücke *2* und *3*, die jeweils zwischen 2 Schaufeln sitzen, werden nach Einsetzen des Zwischenstückes *4* über diesem verkeilt (Abb. 41a und g). Schlußfüllstück *6* und *7* wird mittels Spreizkeiles *5*, zweier Treibstücke *8* und eines Schlußstückes *9* in Schaufelnut befestigt (Abb. 41b—f). Es entsteht keine Vergrößerung der Schaufelteilung durch das Schlußfüllstück (Abb. 41h).

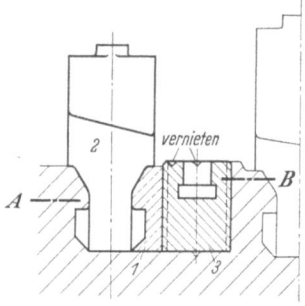
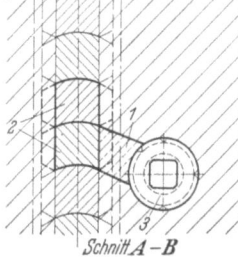

Abb. 42a u. b. **Laufschaufelschloß** für zwei- und mehrkränzige Räder (AEG). Zwischenstück *1* schließt die Aussparung, bei der die Schaufeln eingeführt werden. Zwischenstück *1* hält den Fuß der Schlußschaufel *2* und wird seinerseits gehalten von Stopfen *3*, der mit Gewinde im Radkranz sitzt. Es entsteht keine Lücke in der Beschaufelung.

V. Abdichtungen an Schaufeln.

Hier in erster Linie zu beachten die von BBC eingeführte „Zuschärfung" der Schaufelenden, die sich außerordentlich bewährt hat.

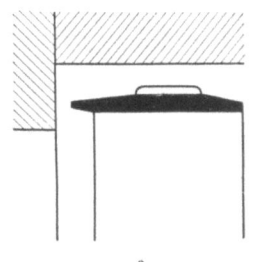 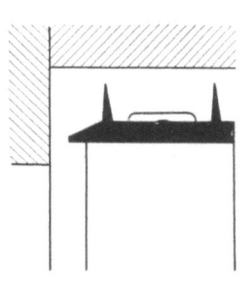 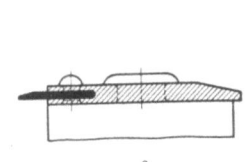 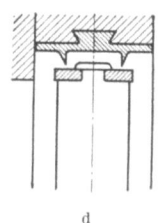

Abb. 43a—d. **Besondere Abdichtungen an Schaufelenden.** *a* Deckband für axiale Abdichtung, *b* Deckband für axiale und radiale Abdichtung, *c* Deckband mit eingenietetem Kupferstreifen (0,8 mm stark) für axiale Dichtung (English Electric), *d* gerades Deckband; radiale Abdichtung durch Einsatz im Gehäuse (Krupp).

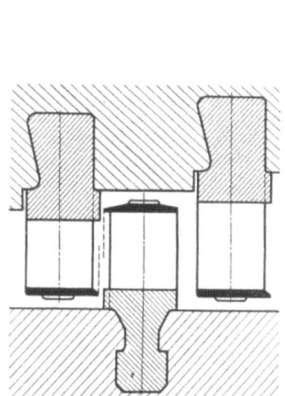 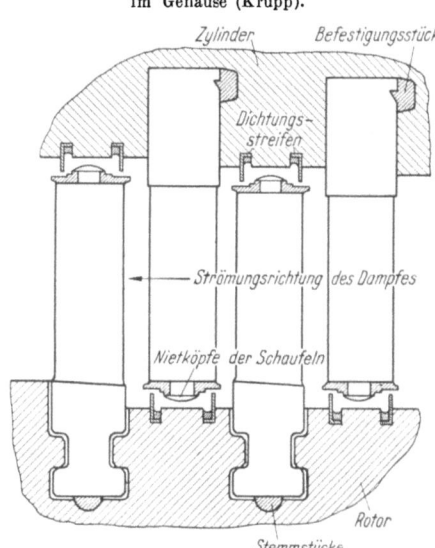 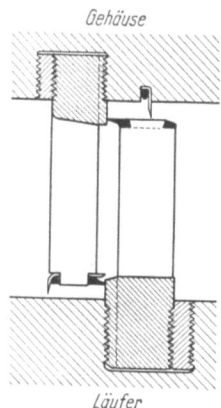

Abb. 44. **Axiale Dichtung** an den Schaufeln für Überdruckturbinen durch vorstehende Deckbänder und verbreiterte Füllstücke.

Abb. 45. **Abdichtungen an Überdruckstufen** (Westinghouse) durch radiale Dichtungsstreifen, die in Gehäuse und Rotor eingestemmt sind und gegen die aufgenieteten Deckbänder der Leit- und Laufschaufeln dichten. Auf axiale Dichtungen (s. Abb. 47 und 35b) wurde hier wegen der schweren Aufrechterhaltung kleiner Axialspiele durch verschiedene Dehnung von Rotor und Gehäuse verzichtet. Man beachte ferner die verschiedenartige Befestigung von Leit- und Laufschaufeln mittels Stemmstücken.

Abb. 47. **Hochdruck-Reaktionsstufe** (Parsons). Kombinierte Axial-Radialdichtung. In Gehäuse über Laufschaufel Dichtungsstreifen eingestemmt mit sehr kleinem Radialspiel gegen Deckband, um bei Vergrößerung der Axialspiele durch Wärmedehnungen radial zu dichten. Axialdichtungen nur im Bereich geringer relativer Axialdehnungen zulässig. Doppeltes Deckband an Leitschaufeln, wovon das dünnere radial gegen den Läufer und das dickere axial gegen die Schaufelfüße der Laufschaufeln dichtet.

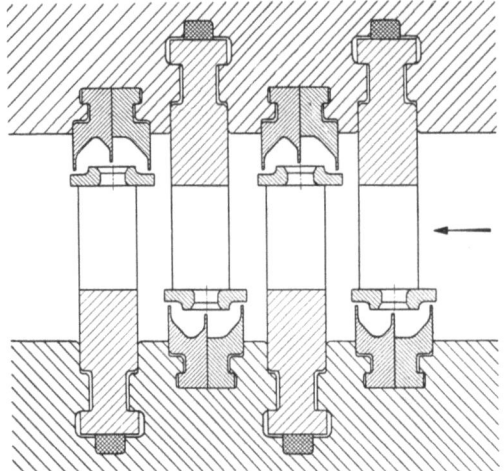

Abb. 46. **Abdichtungen an Überdruckstufen** (Allis-Chalmers). Zweiteilige Dichtungseinsätze in Gehäuse und Rotor mit 3 Dichtungsstreifen dichten radial gegen aufgenietete Deckbänder. Auch hier keine Axialdichtung wie bei Abb. 45. Leit- und Laufschaufeln in gleicher Weise mit Hilfe von Stemmstücken in T-Nut befestigt (vgl. Abb. 45).

VI. Nabenabdichtungen (Innenstopfbüchsen).

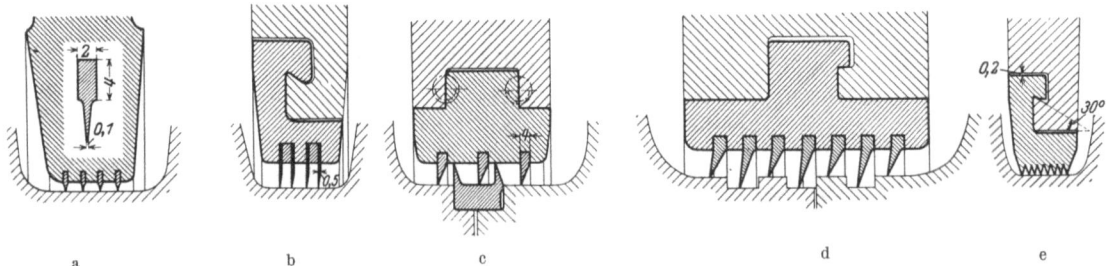

Abb. 48. **Nabendichtungen;** Messing- oder Nickelbronzeringe direkt in die Leitradscheiben eingestemmt (a) oder aber in besondere Büchsen (b, c, d) oder Kämme direkt in Gußeisenbüchse eingedreht (e Brünn); Radnaben allgemein glatt (a, b, e) oder aber mit eingedrehten (d) oder besonders eingesetzten (c). Kämmen.

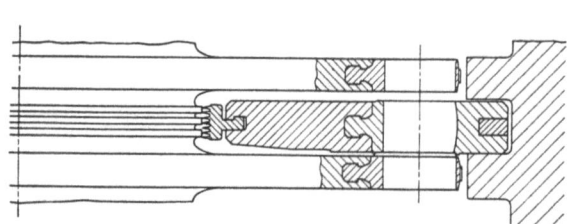

Abb. 49. **Nabenabdichtung bei einem Einstückläufer.** (AEG). Um die Gefahr zu verringern, daß bei gelegentlichem Anstreifen der Dichtungskämme des Labyrintheinsatzes an der Welle Wärmeverkrümmungen des Läufers verursacht werden oder daß die äußeren „tragenden Fasern" der Welle durchschnitten werden, was zu einem Verziehen des Läufers führen kann, sind Schutzkämme auf der Welle ausgedreht (s. Abb. 175 und vgl. Abb. 48).

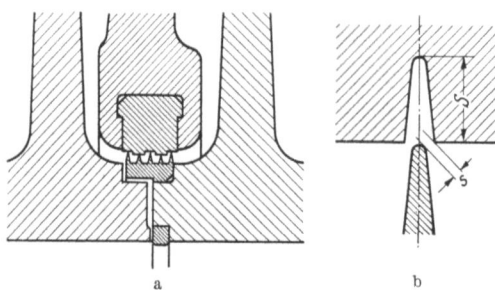

Abb. 50a u. b. **Kohlelabyrinth-Nabenabdichtung** (EW). Kohlering fest eingesetzt in Zwischenboden; Stahlbüchse mit Spitzen fest auf einer Laufradnabe aufgezogen; Abdichtung mit geringem Spiel möglich. Bei Wellenausschlägen von der Größe S findet Eindrehen in die Kohlen statt ohne Beschädigung der Kämme. Für Größe des Spaltverlustes ist nicht S, sondern s maßgebend (s. hierzu auch Abb. 78).

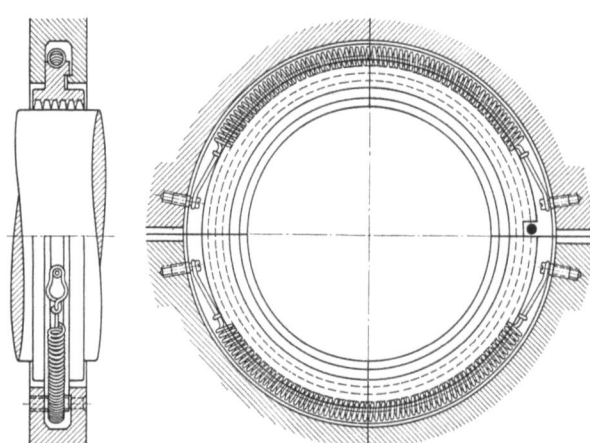

Abb. 51. **Nabenabdichtung (GEC) nachgiebig;** Kammring wird in den Zwischenboden eingesetzt und durch 2 Federn leicht an die Nabe angedrückt; untere Feder etwas stärker angespannt, um Nabe vom Gewicht der Ringe zu entlasten.

VII. Entwässerung an der Niederdruckschaufelung.

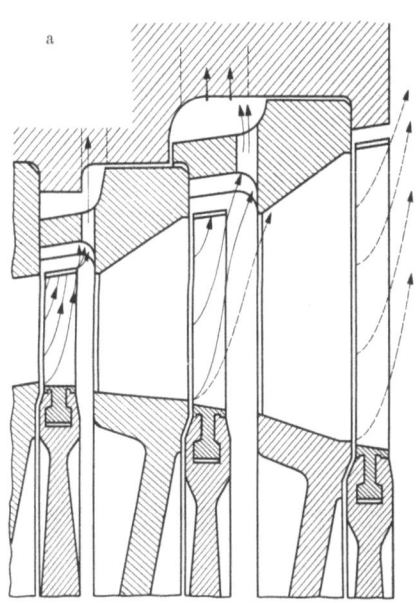
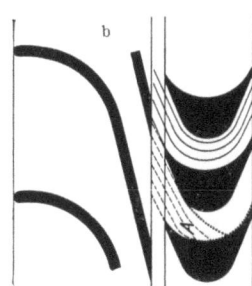
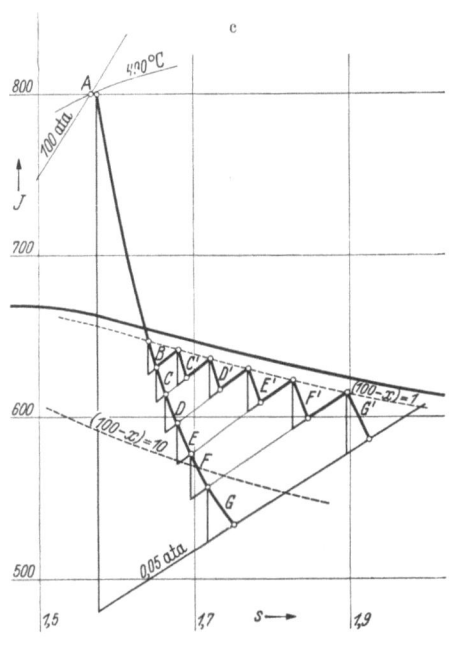

Abb. 52a—c. **Entwässerung (EW)** (s. Abb. 138). Bei starker Umlenkung des Dampfes in dem Schaufelkanal treffen die Wassertröpfchen sehr bald auf die Schaufelhohlseite (52b), wo sie durch die Zentrifugalkraft längs der Schaufel nach außen strömen und am Deckband abgeschleudert werden (52a). Bei **genügendem** Abstand bis zur nächsten Leitschaufeleintrittskante wird der größte Teil dieser Wassertröpfchen durch die am Umfang der Leiträder angeordneten Fangnischen und Bohrungen über einen Ringraum in den Kondensator oder eine Vorwärmerstufe abgeführt. Bis zum Austritt aus dem nachfolgenden Leitrad ergibt sich im wesentlichen nur die Dampfnässe, die durch zugehörige Expansion entsteht, und zwar wegen schnellen Durchströmens der Düse nur als feiner Nebel, der zu keinen wesentlichen Erosionen der Laufschaufeleintrittskante führt. Expansionsverlauf im Naßdampfgebiet infolge dieser Entwässerung (52c) nach Linienzug $A-G'$, während ohne Entwässerung Expansionsverlauf längs $A-G$. Dabei ist zu beachten, daß der Linienzug $A-G'$ eine Zustandsänderung mit von Stufe zu Stufe abnehmender Menge darstellt. Durch diese Entwässerung soll man selbst bei Anfangszustand 100 ata und 500° C ohne Zwischenüberhitzung noch im Gebiet zulässiger Expansionsendfeuchte bleiben.

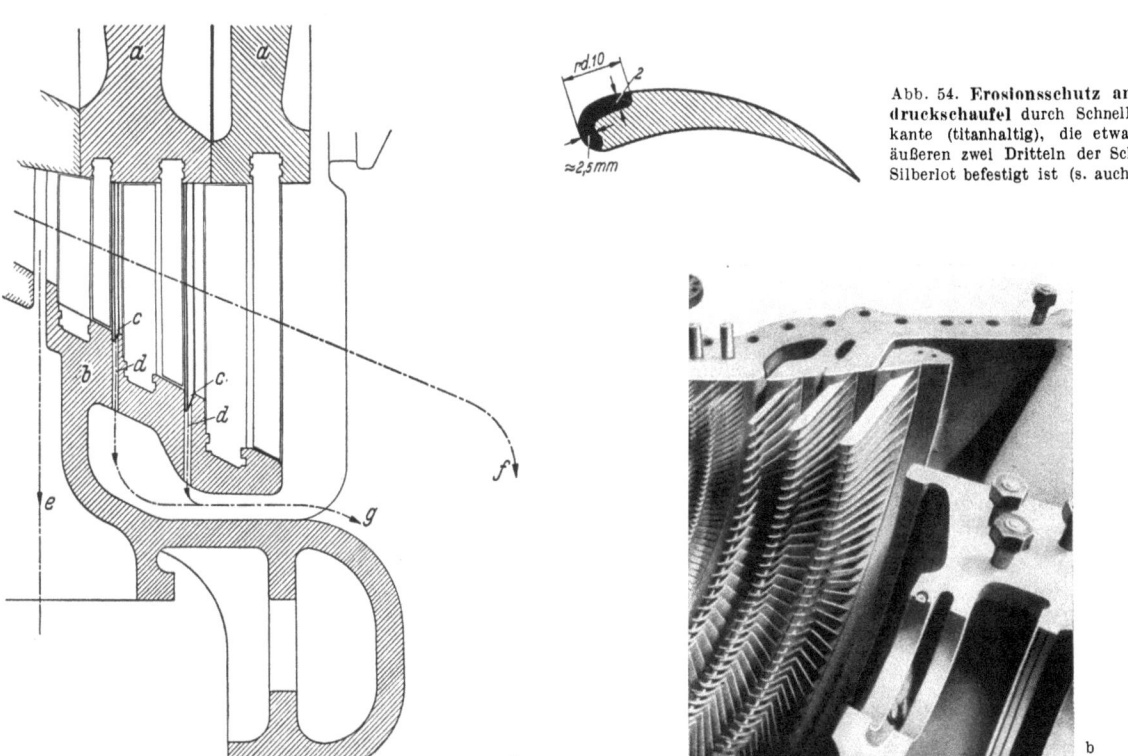

Abb. 54. **Erosionsschutz an Niederdruckschaufel** durch Schnelldrehstahlkante (titanhaltig), die etwa auf den äußeren zwei Dritteln der Schaufel mit Silberlot befestigt ist (s. auch Abb. 28).

Abb. 53a u. b. **Entwässerung (BBC).** (s. Abb. 137 u. 148). Hinter den Laufrädern der letzten Stufen in innere Gehäusewand Auffanggrillen eingedreht, in denen das auszentrifugierte Wasser gesammelt und durch Bohrungen über einen Zwischengehäuseraum direkt in den Kondensator abgeführt wird, wodurch ohne größere Bremsverluste und Schaufelerosionen bis zu einer rechnerischen Endfeuchtigkeit von etwa 15% expandiert werden kann. Außerdem können die Schaufeleintrittskanten der letzten Stufen bis zu einer gewissen Tiefe gehärtet werden, um Erosionen durch die verbleibenden Wassertröpfchen zu verringern (s. hierzu auch Abb. 28). Der Kern der Schaufel bleibt von der Härtung unberührt und behält seine volle Zähigkeit (Schwingungen)

- a Turbinenrotor;
- b Gehäuse;
- c Wasserauffanggrillen;
- d Radiale Bohrungen;
- e Entwässerung mit Heizdampfentnahme;
- f Mittlere Dampfströmung;
- g Wasserabfluß in Kondensator

VIII. Läufer.
a) Radscheiben und ihre Befestigung.

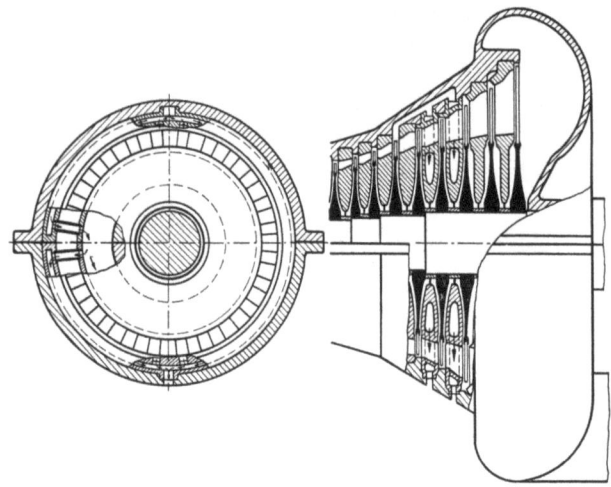

Abb. 55. **Neuartige amerikanische Entwässerungseinrichtung (GEC).** Bei Erreichen der rechten Grenzkurve wird der Arbeits-Dampf in zwei oder mehreren Zwischenböden mittels kondensierenden Anzapfdampfes aus einer Stufe höheren Druckes wieder erwärmt. Dieser Anzapfdampf wird durch die hohlen Leitschaufeln über die hohlen Zwischenböden geführt, wobei er kondensiert und den durch die Leitschaufelung strömenden Arbeitsdampf aufheizt. Das Anzapfdampfkondensat wird der Speisewasserleitung zugeführt.

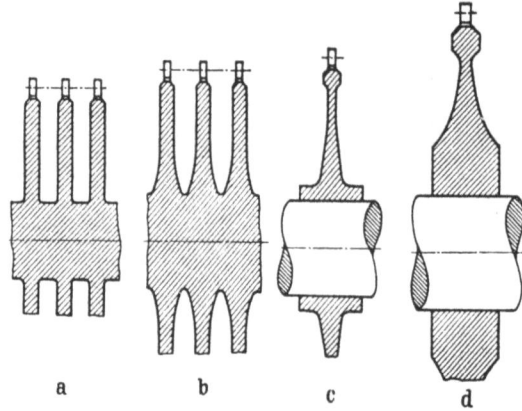

Abb. 56a—d. **Scheibenformen für verschiedene Umfangsgeschwindigkeiten.** a Scheiben gleicher Dicke mit Welle aus einem Stück für mittlere Umfangsgeschwindigkeiten bis etwa 120 m/sek; b Scheiben nach innen zu etwas verdickt mit Welle aus einem Stück für Umfanggeschwindigkeiten von etwa 150 m/sek; c aufgesetztes Rad mit verhältnismäßig geringer Scheibenverdickung — nach innen zu — und größerer Nabenlänge für mäßige Umfangsgeschwindigkeiten von etwa 150—180 m/sek; d aufgesetztes Rad mit starker Verdickung nach innen für hohe Umfangsgeschwindigkeiten; Grenze heute etwa bei 360 m/sek.

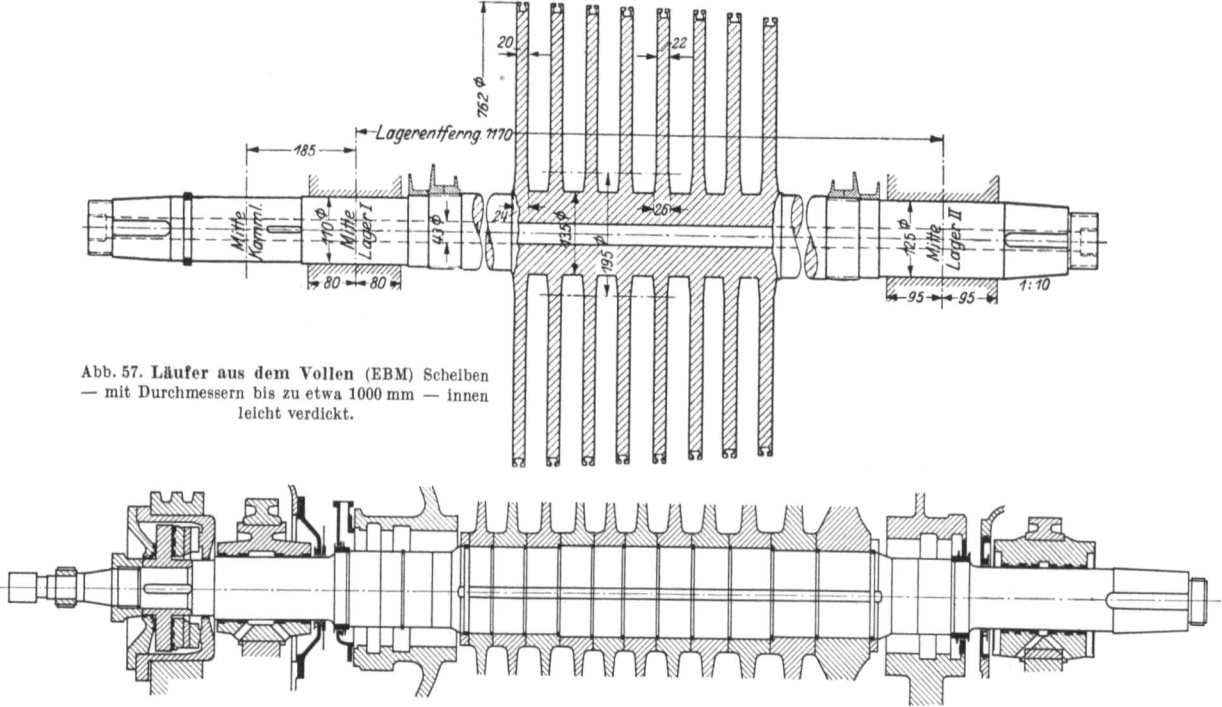

Abb. 57. **Läufer aus dem Vollen (EBM)** Scheiben — mit Durchmessern bis zu etwa 1000 mm — innen leicht verdickt.

Abb. 58. **Läufer mit aufgesetzten Scheiben (EW).** Die Laufscheiben sind in axialer Lage durch Ringe auf beiden Seiten gesichert.

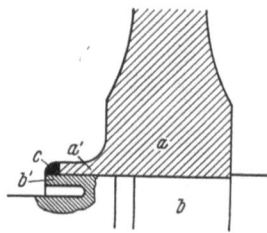

a = Laufradscheibe;
b = Welle;
a', b' = Lippen;
c = Schweißnaht

Abb. 59. **Laufradbefestigung durch Lippenschweißung (BBC).** Die relativ dünnen Lippen erlauben „Atmen" der verbundenen Teile bei ungleicher Erwärmung. Losewerden der Räder, Ausschlagen von Keilen, Vibrationen der Welle usw. dadurch vermieden. Völlig symmetrische Übertragung des Drehmomentes. Verbindung fertig gedrehter Teile auf diese Weise möglich, da keine Schweißspannungen zurückbleiben und sich deshalb Nachglühen erübrigt (s. auch Abb. 137 147, 148, 159).

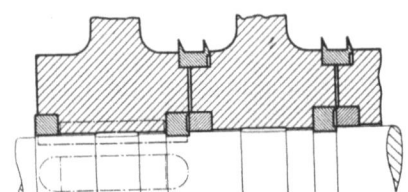

Abb. 60. **Laufradbefestigung durch Tragringe (Wumag);** das Rad sitzt auf zwei besonderen Ringen, die geschlitzt sind, wobei der eine kolbenringartig in eine Eindrehung in der Welle eingreift und so axialen Halt gibt (vgl. Abb. 58).

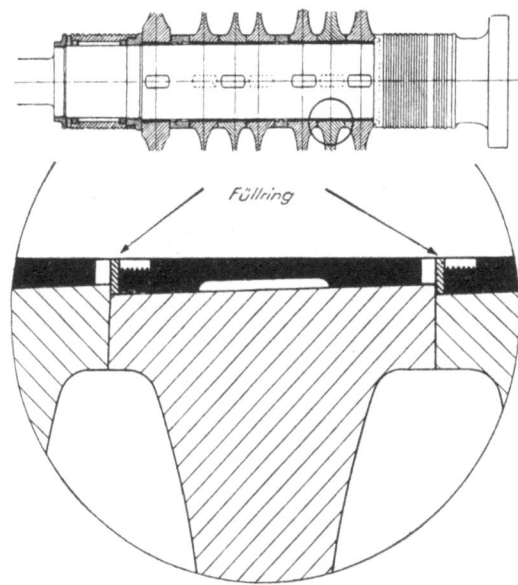

Abb. 61. **Laufradbefestigung mittels Konus** (AEG); die Scheibe wird mit der geschlitzten konischen Büchse auf die Welle aufgepreßt; Abziehen der Scheibe mittels einer Abziehvorrichtung, die in das Gewinde der Aussparung an der Büchse eingedreht wird.

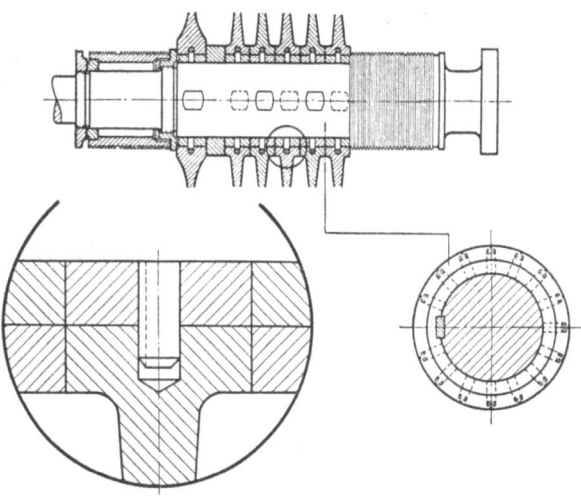

Abb. 62. **Befestigung von Radscheiben durch radiale Bolzen**, insbesondere für hohe Temperaturen und große Umfangsgeschwindigkeiten (AEG). Durch diese Anordnung ist es unmöglich, daß sich die Scheibe gegen die Welle bewegt, selbst wenn die Schrumpfspannungen beim Anwärmen oder durch Zentrifugalbelastung zu Null werden und die Scheibe sich von der Büchse abheben sollte, denn das Drehmoment wird über die Dübel auf die Büchse und von der durch einen Keil gesicherten Büchse auf die Welle übertragen. Man braucht deshalb mit der Schrumpfspannung nicht so hoch zu gehen wie bei den anderen Scheibenbefestigungen. Die Keile liegen abwechselnd auf gegenüberliegenden Seiten der Welle wegen gleichmäßigerer Drehmomentenübertragung.

b) Trommeln.

Über Bauarten von Trommeln siehe auch Kapitel XVII und XVIII.

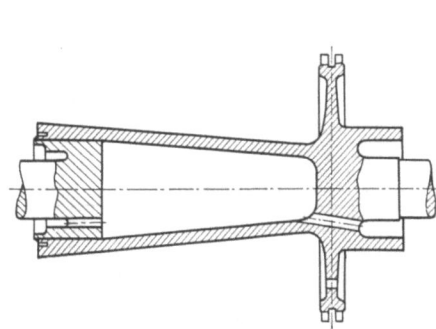

Abb. 63. **Hohltrommel** (BBC) für kleine Umfangsgeschwindigkeiten bis etwa 120 m/sek. Trommel mit Curtis-Rad, Ausgleichkolben und Welle an Hochdruckseite aus einem Stück. Niederdruckende der Trommel auf hinterem Wellenstumpf durch Lippenschweißung (s. Abb. 59) befestigt. Verwendet für kleine Leistungen bis etwa 3000 kW.

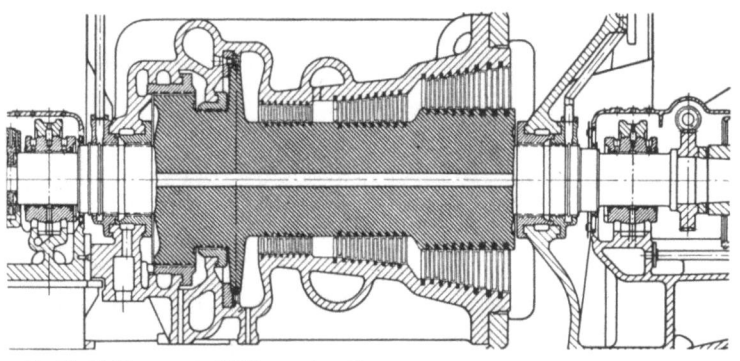

Abb. 65. **Volltrommel** (SSW); großes Gewicht aber sichere Ausführung; Mittelbohrung, um Material im Innern des Läufers prüfen zu können, zweistufiger Ausgleichkolben wegen stark abgestufter Trommel.

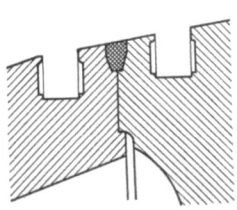

Abb. 64. **Geschweißte Trommelläufer** (BBC) gem. Abb. 137, 147, 148. Der Turbinenrotor für hohe Umfangsgeschwindigkeiten bis etwa 250 m/sek. wird aus vollen Scheiben aufgebaut, die an ihrem Umfang zwischen den Nuten für die Schaufelfüße verschweißt werden. Nach der Schweißung wird das ganze Stück zur Beseitigung der Schweißspannungen ausgeglüht. Anschließend Bearbeitung des Rotors.

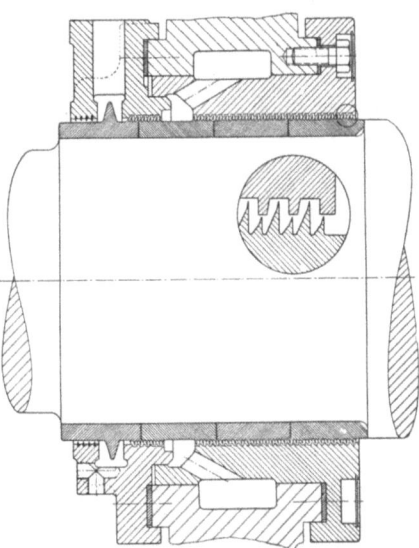

IX. Außenstopfbüchsen.

Abb. 68. **Labyrinthstopfbüchse** (SSW); die abdichtenden Spitzen sind auf einer Büchse, die auf der Welle sitzt, angebracht, während die Kämme in den Gehäuseeinsatz eingedreht sind, um beim Streifen der Spitzen die Reibungswärme von der Welle fernzuhalten, so daß diese nicht einseitig erwärmt wird.

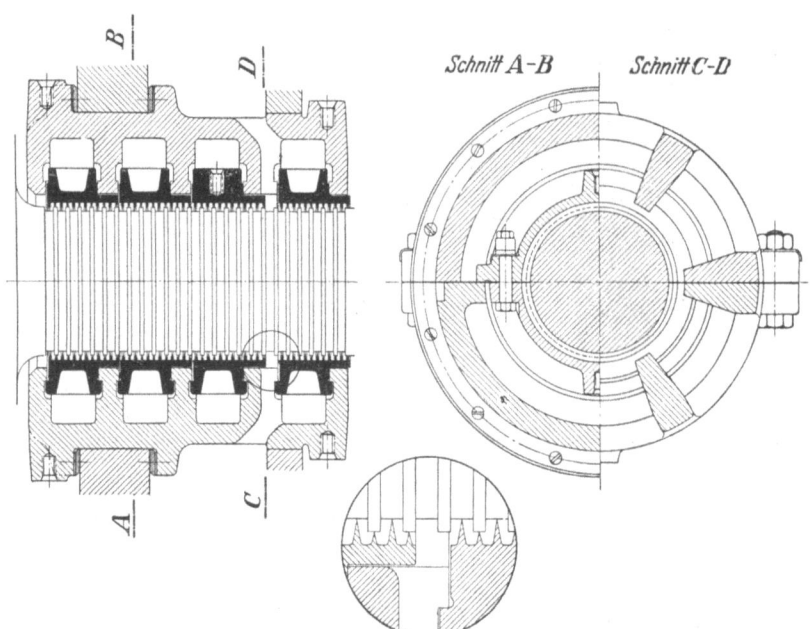

Abb. 66. **Labyrinthstopfbüchse** (AEG); zweiteilige Ringeinsätze aus Nickelbronze mit schmalen bis auf 0,1 mm am Ende zugeschärften Spitzen, die zwischen und auf den Kämmen der Welle dichten; die Ringeinsätze sitzen noch in einem besonderen Stopfbüchsengehäuse zur Erleichterung des Einbaues.

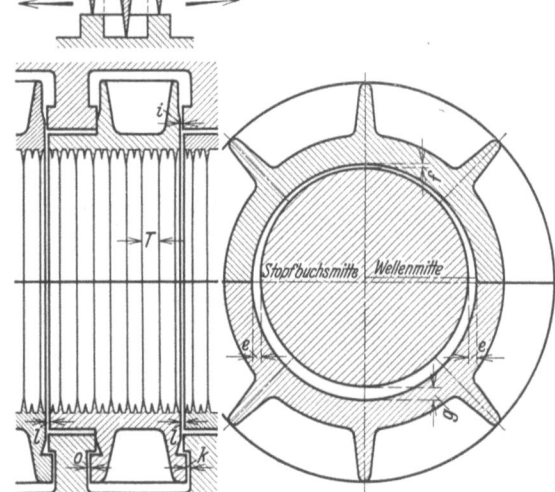

Abb. 67. **Einstellung von Labyrinthstopfbüchsen** (AEG);. Die Richtung „vorn" bedeutet „auf das Wellendrucklager zu", die Richtung „hinten" bedeutet „vom Wellendrucklager weg".

Wellendrucklager auf der Hochdruckseite angeordnet.

Stopf-büchse	Tei-lung	Axial-spiele		Radialspiele			Einbauspiele			
	T mm	v mm	h mm	e mm	f mm	g mm	o mm	i mm	k mm	l mm

Beispiel: Eingehäusige Kondensationsturbine 25000 kW, 3000 U/Min.

Hochdruck	6+3	2,5	2,5	0,3	0,2	0,4	0,5	0,3	0,8	0,4
Niederdruck	8+4	4,5	2,5	0,3	0,3	0,3	0,5	0,3	0,8	0,4

Anmerkung: Kraft gibt für eine eingehäusige Gegendruckturbine von 2400 kW, 3000 U/Min. die gleichen Werte an.

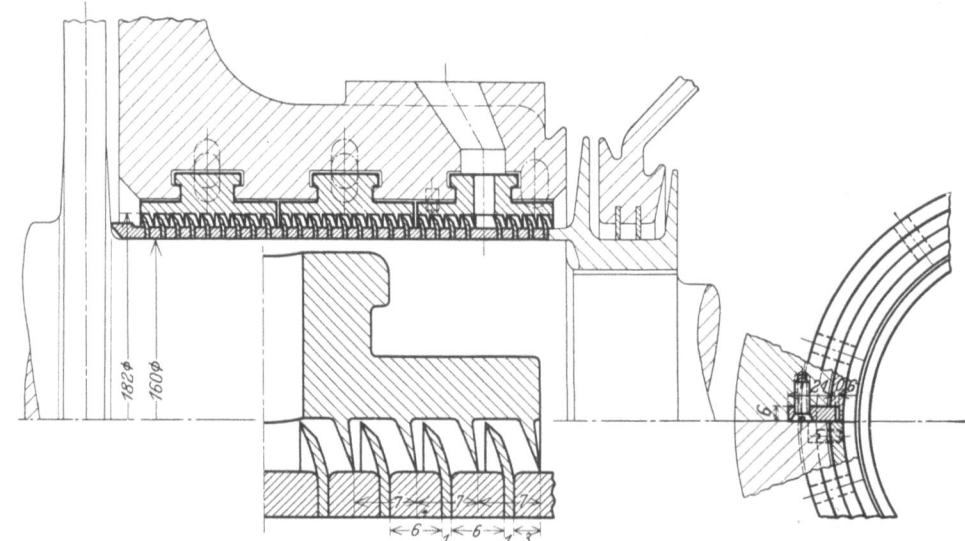

Abb. 69. **Labyrinthstopfbüchse** (EBM); nachgiebig durch die schrägstehenden Dichtungsringe, die sowohl im Einsatz wie auf der Welle angebracht sind; die Kämme auf der Welle sind aus Messing und werden durch Stahlringe gehalten; die Einsätze sind wie die Leiträder im Gehäuse befestigt.

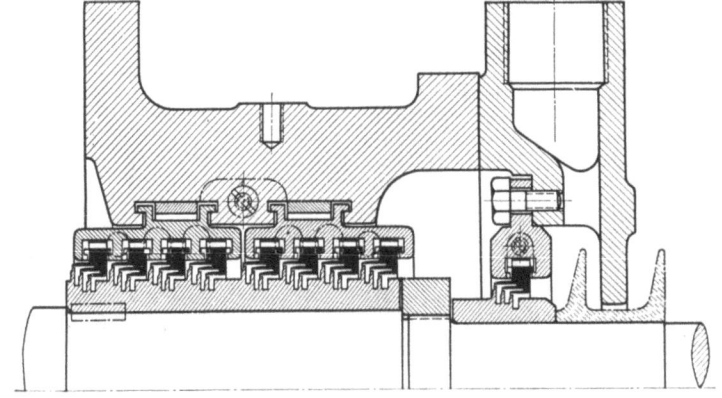

Abb. 70. **Labyrinthstopfbüchse** für die Austrittsseite einer Hochdruckturbine (Metro Vickers); viele Dichtungsstellen auf engem Raum; nachgiebig.

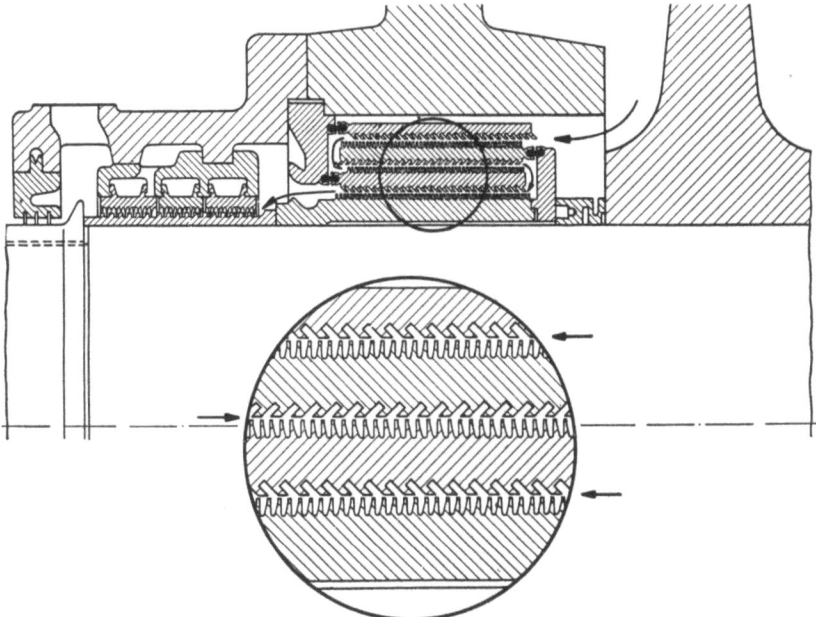

Abb. 71. **Hochdruckstopfbüchse** mit axial und radial hintereinanderliegenden Labyrinthen (GEC); um die Stopfbüchse kurz zu halten, sind mehrere Gruppen radial hintereinandergeschaltet; Ringe nachgiebig nur an einer Seite gehalten; sehr empfindlich wegen der großen freitragenden Länge und der kleinen Spiele.

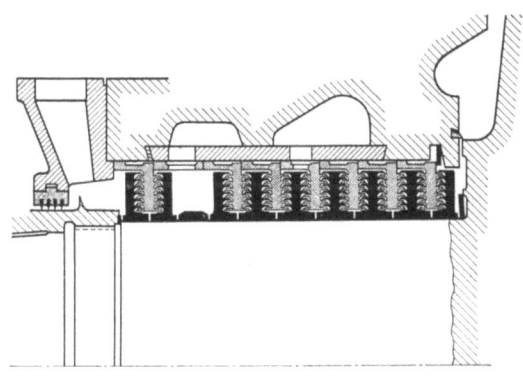

Abb. 72. **Hochdruckstopfbüchse** (MAN); radial abdichtend; elastisch; ähnlich der Stopfbüchse der Ljungströmturbine (s. Abb. 186); bei der Montage müssen die Ringe bzw. Einsätze mit den Dichtungsringen einzeln nacheinander eingeschoben werden.

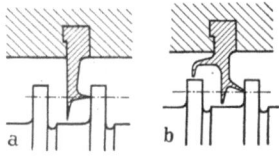

Abb. 76a u. b. **Radial-Axial-Dichtung für Ausgleichkolben** (Parsons). Die Zweifach-Dichtung (Abb. 76a) ist durch Hinzufügen einer Radialdichtung zu einer Dreifach-Dichtung erweitert (Abb. 76b). Man gewinnt damit nicht nur eine zusätzliche Dichtungsstelle auf gleicher Länge, sondern erhält einen konstanten wirksamen Durchmesser des Ausgleichkolbens. Durch Abnutzung des Radial- oder Axial-Dichtungsstreifens oder durch Axialverschiebung des Rotors ändert sich der wirksame Dichtungsdurchmesser bei Abb. 76a, je nachdem, welcher Dichtungsstreifen im wesentlichen die Dichtung übernimmt. Bei Abb. 76b ist der mittlere Durchmesser der beiden Radialdichtungen gleich dem der Axialdichtung. Unabhängig von verschieden starker Abnutzung oder Wellenverschiebung bleibt also der wirksame Durchmesser immer gleich. Keine schwankende Belastung des Drucklagers.

2 Loschge, Konstruktionen, 2. Aufl.

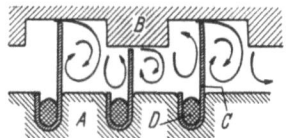

Abb. 73. **Labyrinthdichtung** (BBC) für Stopfbüchsen und Ausgleichkolben. A Welle, B Stopfbüchsenschale, C Dichtungsstreifen aus Nickel oder rostfreiem Stahl, D Stemmdraht.

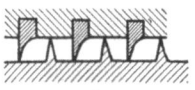

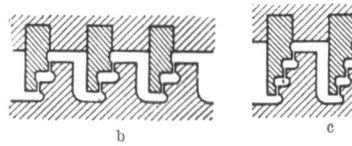

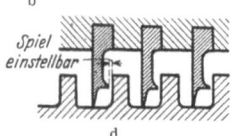

Abb. 75. a—d. **Dichtungseinzelheiten:** Dichtungsringe aus Messing oder Nickellegierung; a radialabdichtend; b und c axialabdichtend; d radial und axial abdichtend (ältere Ausführung).

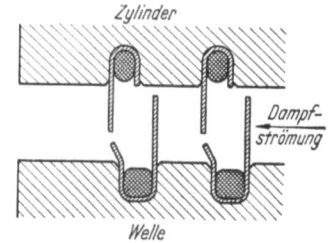

Abb. 74. **Doppelradialdichtung** (BBC). Ermöglicht Unterbringung einer größeren Anzahl von Drosselstellen als bei Abb. 73 für gleiche axiale Ausdehnung. Einhaltung des Grundsatzes, daß Dichtungseinsätze nicht auf dem rotierenden Teil anstreifen sollen, um hier wegen des damit verbundenen wärmelabilen Zustandes lokale Erwärmungen sowie Beschädigungen der äußeren Fasern und damit Verziehen der Welle zu vermeiden. Besonders geeignet für hohe Drucke.

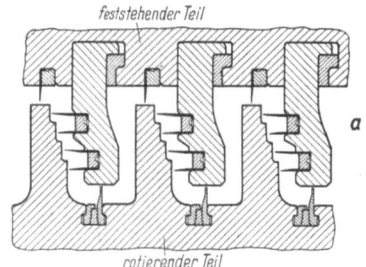

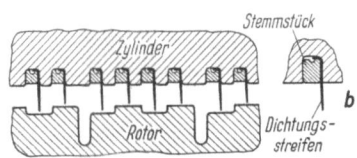

Abb. 77a u. b. **Dichtungseinzelheiten** für Stopfbüchsen mit axialer und radialer Dichtung (Westinghouse). S. hierzu auch Abb. 28 und 35b.

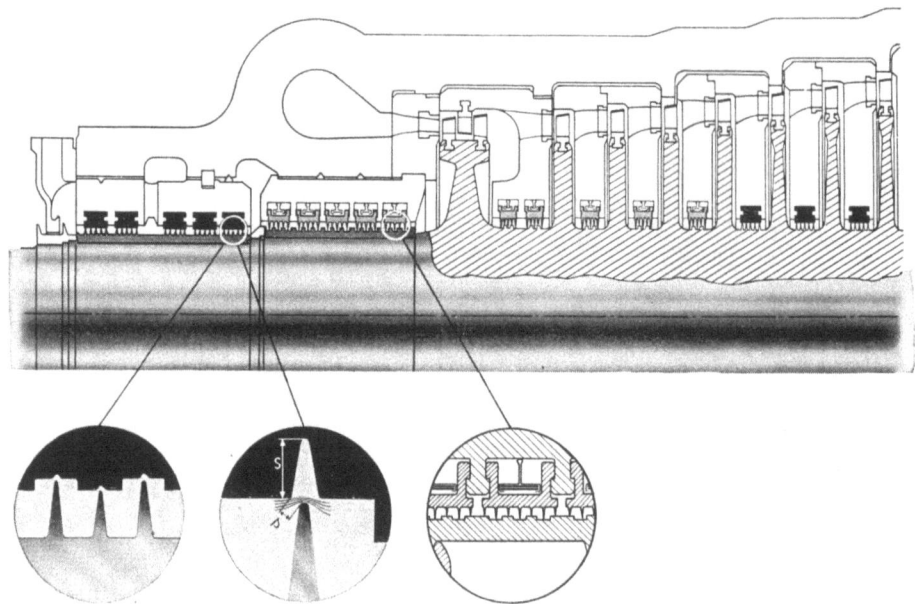

Abb. 78. **Kohlelabyrinth-Stopfbüchse** (EW). Auf die Welle sind Büchsen mit Dichtungskämmen aufgezogen, während in das Stopfbüchsengehäuse gekehlte Kohleringe eingebaut sind. Dichtungsspiel s. Abb. 50.

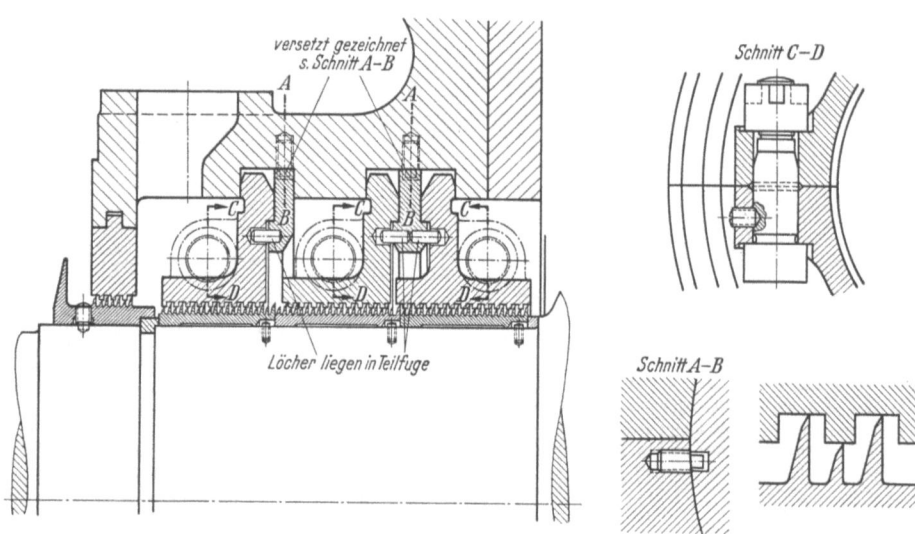

Abb. 79. **Labyrinthdichtung** (Borsig). Auf die Welle sind Büchsen mit Dichtungskämmen aufgezogen (wie Abb. 78). Gekehlte Stopfbüchseneinsätze zweiteilig in Horizontalebene verschraubt (Schnitt $C-D$). Diese Einsätze werden über Zwischenstücke mittels Bolzen im Gehäuse gehalten.

X. Lager
a) Traglager

a = Lagerbock
b = Lagerdeckel
c = Einstellring
d = Lagerschale
e = Paßstücke
f = Lagerdichtungsring
g = Bohrung für Thermometer

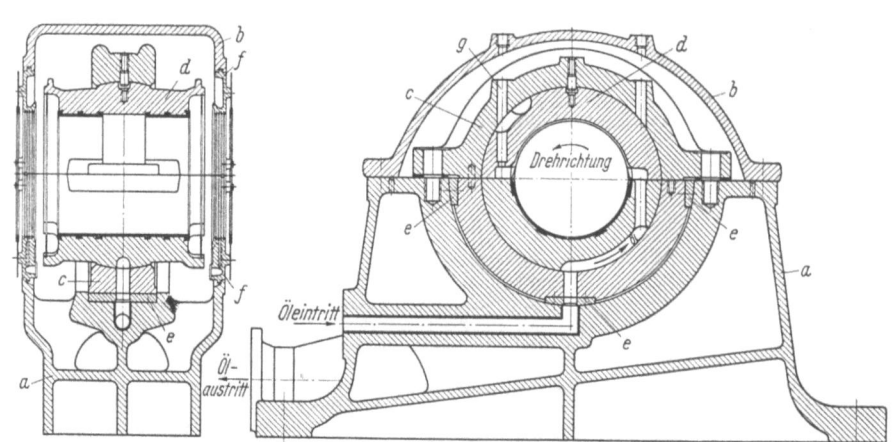

Abb. 80. **Traglager** (SSW). Gußeiserne Lagerschalen mit Weißmetallausguß (Schwalbenschwanznuten). Bis 200 mm $\varnothing$ kurze zylindrische Sitze, über 200 mm $\varnothing$ kugelige Sitze der Schalen. $L/D = 0{,}8$ bis 1. Öl tritt von unten in Öleinlauftasche der unteren Lagerschale, durchströmt die Ölkammer der oberen Lagerschale (ca. $1/3$ der Lagerlänge hier ohne Weißmetallausguß) und wird durch Pumpwirkung des Wellenzapfens keilförmig unter die Welle gezogen. Öl fließt seitlich an den Lagerschalen ab.

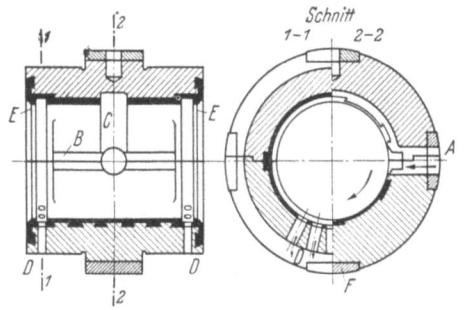

Abb. 81. **Traglager** (BBC). Öleintritt bei A, Öl verteilt sich über Aussparungen B und C auf den ganzen Zapfen und fließt bei D ab. Ring E soll das seitliche Abspritzen des Öles verhindern. Am Umfang vier Paßplatten F zum leichteren Ausrichten im Lagerbock.

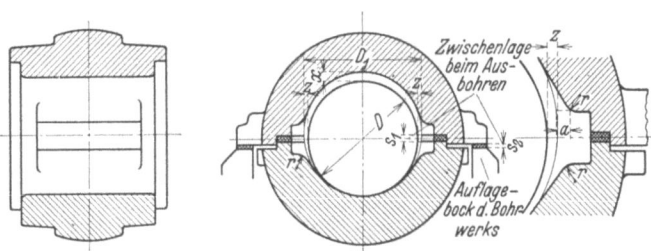

Abb. 83. **Ausbohren** der Lagerschalen (AEG).

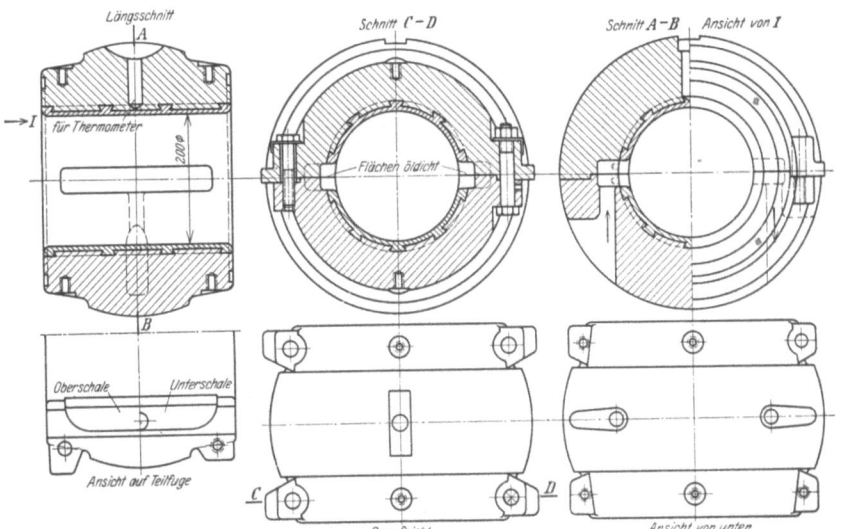

Abb. 82. **Lagerschalen** (AEG); kugelig gelagert; Öleintritt seitlich in die Aussparung an der Teilfuge; Absaugung des Öles an der anderen Teilfuge.

(Zu Abb. 83.)

Wellendurchmesser D mm	Bohrung mit Zwischenl. D_1 mm	Spiel z mm	Spiel ohne Beilage z' mm	Zwischenlagen s_1 mm	Zwischenlagen s_2 mm	Abschrägung a mm	Abschrägung r mm
60	60,4	0,2	0,1	0,3	0,15	2	6
80	80,4	0,2	0,1	0,3	0,15	2	6
100	100,5	0,25	0,1	0,4	0,2	2	6
160	160,7	0,35	0,2	0,5	0,25	2	6
200	200,8	0,4	0,2	0,6	0,3	2,5	6
300	301,0	0,5	0,3	0,7	0,35	3	6
400	401,4	0,7	0,3	1,1	0,55	3	6
500	501,8	0,9	0,4	1,4	0,7	3	6

Zwischenlagen nur beim Ausbohren eingelegt.

b) Drucklager.

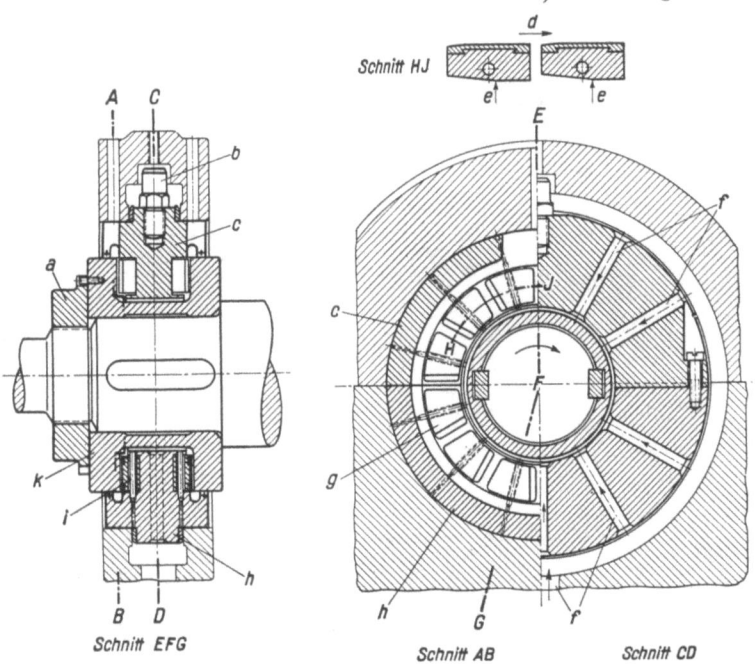

Abb. 85. **Zweikämmiges Klotzdrucklager mit 10 Druckklötzen je Kamm und Schubrichtung** (SSW).

Abb. 84. **Klotzdrucklager** (SSW). a gesicherte Mutter, b Schraube zur Drehsicherung der Lagerschalen, c obere Hälfte des feststehenden Kammes, d Drehrichtung des Wellenbundes, e Kippkante, f Zulauf und Verteilung des Schmieröles, g Druckklotz, h untere Hälfte des feststehenden Kammes, i Haltestift, k Kammbüchse. Das Drucklager ist einkämmig, jedoch doppelwirkend, weil zu beiden Seiten des feststehenden Kammes Druckklötze angeordnet sind; Druckklötze aus Stahl, auf der Gleitseite mit hochzinnhaltigem Weißmetall ausgegossen. Durch das Kippen der Klötze um e bilden sich Ölkeile unter den einzelnen Klötzen, wodurch die spez. Belastbarkeit gegenüber dem normalen Kammlager bedeutend erhöht wird.

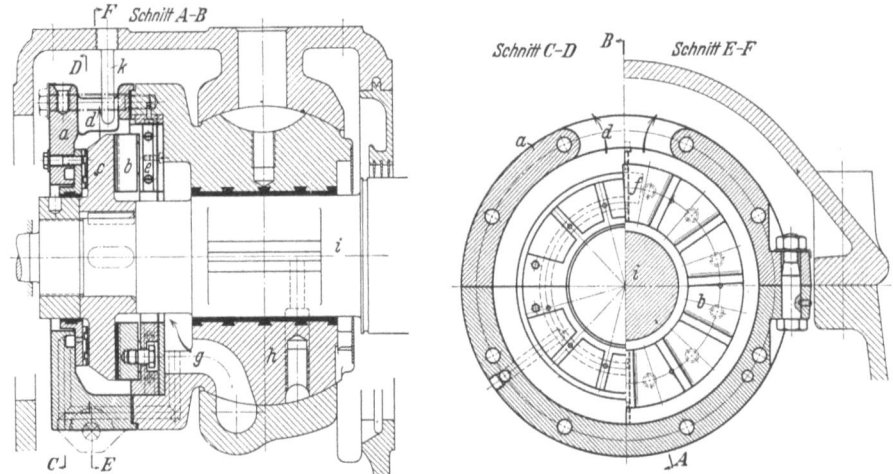

Abb. 86. **Vereinigtes Druck- und Traglager** (AEG); *a* Drucklagergehäuse, *b* Druckklotz, *c* Laufring, *d* Ölabfluß, *e* Stützring, *f* Kippkante *g* Ölzufluß, *h* Lauflagerschalen, *i* Turbinenwelle, *k* Thermometerhülse. Drucklager unmittelbar an das Lauflager, das kugelig gelagert ist, angegliedert; daher wird sich das Drucklager stets in die richtige Lage mit dem Lauflager einstellen. Die AEG hat auch Drucklager entwickelt, die im Betriebe verstellbar sind, um der Verschiedenheit der Dehnungen des Läufers und des Gehäuses Rechnung zu tragen.

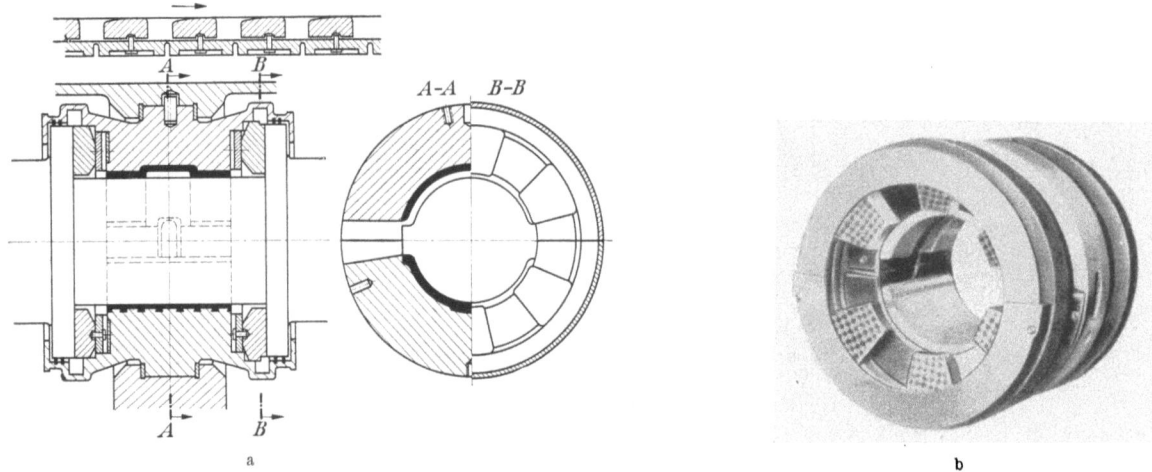

Abb. 87a u. b. **Vereinigtes Trag- und Drucklager** (BBC). Neuere Ausführung mit weiten freien Räumen zwischen den einzelnen Segmenten, wodurch gute Ölzufuhr und damit gute Schmierung und vor allem Kühlung des Kammes und der Segmente erreicht wird. Die beweglichen Segmente stützen sich auf eine in sich elastisch ausgebildete Unterlage, wodurch gleichmäßigere Lastverteilung auf die einzelnen Segmente erzielt wird. In der Mitte Traglager mit Weißmetallausguß. Zwei Längsnuten führen das Öl auf beiden Seiten zu den Kammlagern und gewährleisten guten Ölfilm im Traglager. Abb. 87b zeigt Ansicht des zusammengesetzten Lagers (vgl. Abb. 84, 85 u. 86).

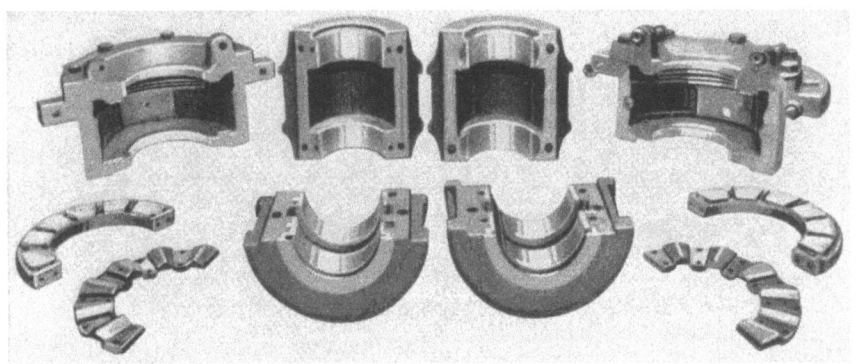

Abb. 88. **Lager mit Ölabfluß zwischen zwei Laufflächen** (EW). (S. Abb. 138.) Der als Ölabfluß dienende weite Ringraum zwischen zwei Weißmetallflächen ergibt großen Öldurchfluß und damit gute Kühlung. Besonders geeignet für Betrieb mit hochüberhitztem Dampf sowie für Gasturbinen. Große Länge der Lager ergibt gute Führung der Welle und Dämpfung von Schwingungen beim Durchlaufen der kritischen Drehzahl. Dadurch Ausführung biegsamer Wellen mit kleineren Durchmessern möglich, was u. U. Herabsetzung der Undichtheitsverluste an Stopfbüchsen ermöglicht.

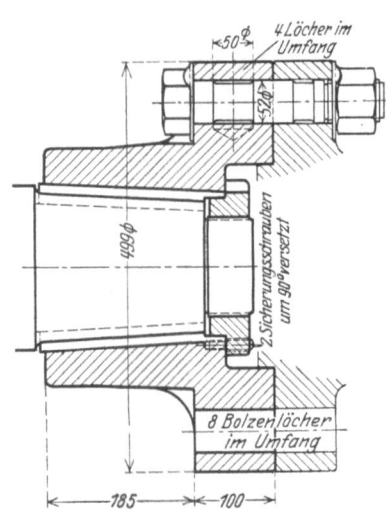

Abb. 89. **Aufgepreßter Kupplungsflansch** (EW); gesichert mit zwei Federn und durch eine Mutter gehalten; Kupplung starr; Anwendung bei 3-Lager-Anordnung.

XI. Kupplungen und Getriebe.

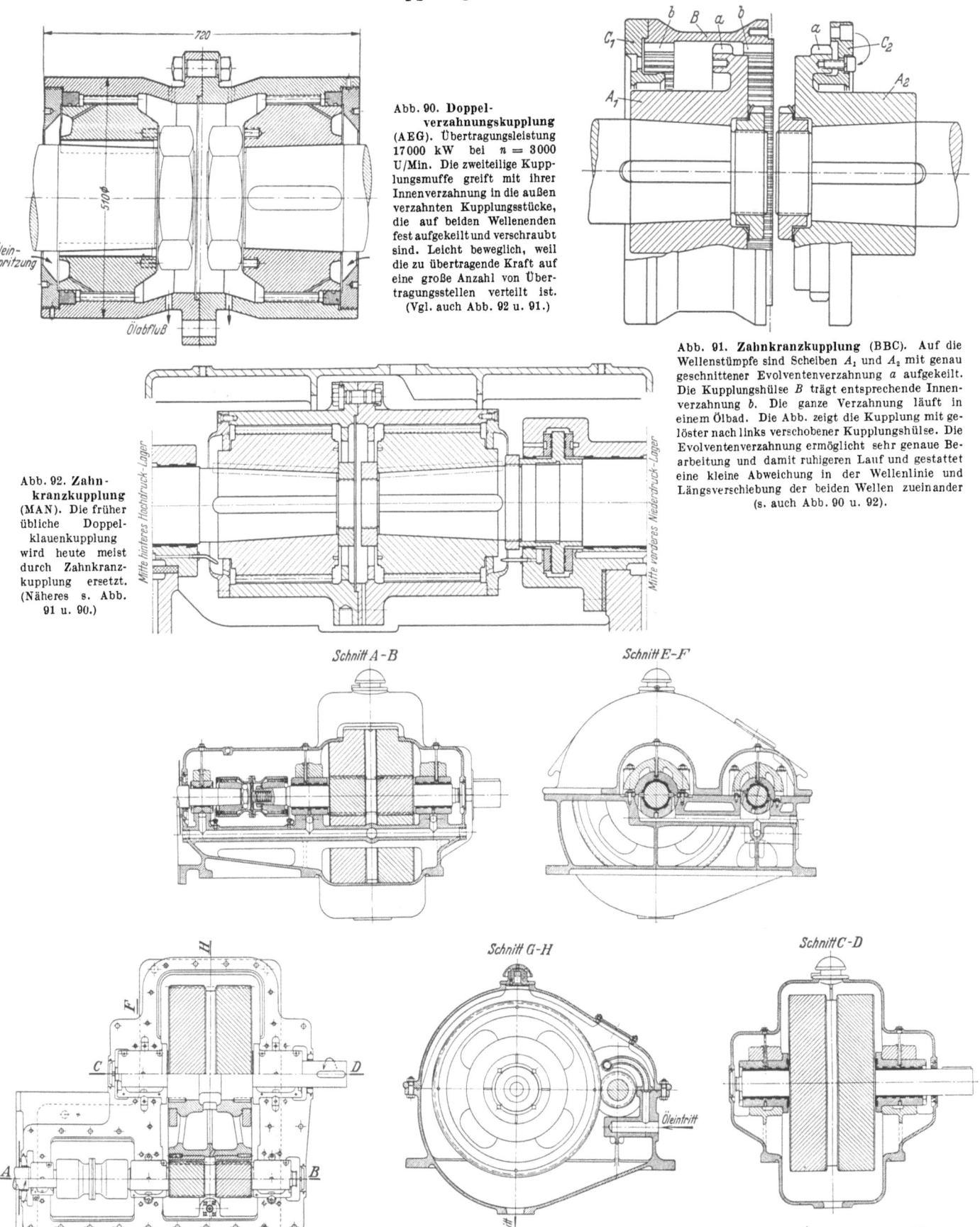

Abb. 90. Doppelverzahnungskupplung (AEG). Übertragungsleistung 17000 kW bei $n = 3000$ U/Min. Die zweiteilige Kupplungsmuffe greift mit ihrer Innenverzahnung in die außen verzahnten Kupplungsstücke, die auf beiden Wellenenden fest aufgekeilt und verschraubt sind. Leicht beweglich, weil die zu übertragende Kraft auf eine große Anzahl von Übertragungsstellen verteilt ist. (Vgl. auch Abb. 92 u. 91.)

Abb. 91. Zahnkranzkupplung (BBC). Auf die Wellenstümpfe sind Scheiben A_1 und A_2 mit genau geschnittener Evolventenverzahnung a aufgekeilt. Die Kupplungshülse B trägt entsprechende Innenverzahnung b. Die ganze Verzahnung läuft in einem Ölbad. Die Abb. zeigt die Kupplung mit gelöster nach links verschobener Kupplungshülse. Die Evolventenverzahnung ermöglicht sehr genaue Bearbeitung und damit ruhigeren Lauf und gestattet eine kleine Abweichung in der Wellenlinie und Längsverschiebung der beiden Wellen zueinander (s. auch Abb. 90 u. 92).

Abb. 92. Zahnkranzkupplung (MAN). Die früher übliche Doppelklauenkupplung wird heute meist durch Zahnkranzkupplung ersetzt. (Näheres s. Abb. 91 u. 90.)

Abb. 93. Turbinengetriebe für 2000 kW, Drehzahlübersetzung 5000/1000 U/Min mit Schrägverzahnung (AEG).

XII. Gehäuse

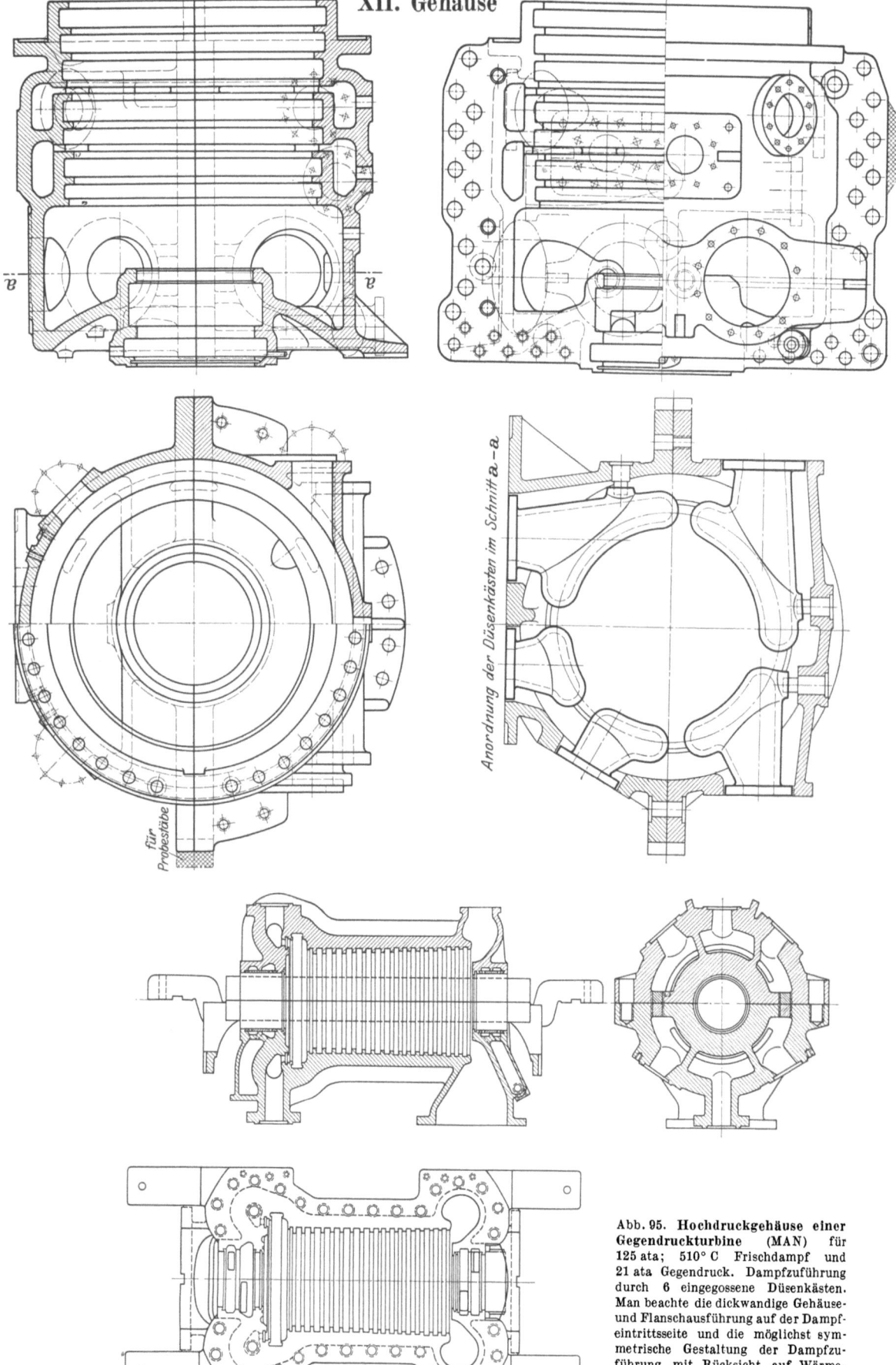

Abb. 94. **Vorderteil eines Hochdruckgehäuses (AEG);** Stahlguß; Düsenkästen gesondert ins Gehäuse eingesetzt, dadurch Entlastung des eigentlichen Gehäuses vom hohen Frischdampfdruck.

Abb. 95. **Hochdruckgehäuse einer Gegendruckturbine (MAN)** für 125 ata; 510° C Frischdampf und 21 ata Gegendruck. Dampfzuführung durch 6 eingegossene Düsenkästen. Man beachte die dickwandige Gehäuse- und Flanschausführung auf der Dampfeintrittsseite und die möglichst symmetrische Gestaltung der Dampfzuführung mit Rücksicht auf Wärmedehnung (vgl. Abb. 94).

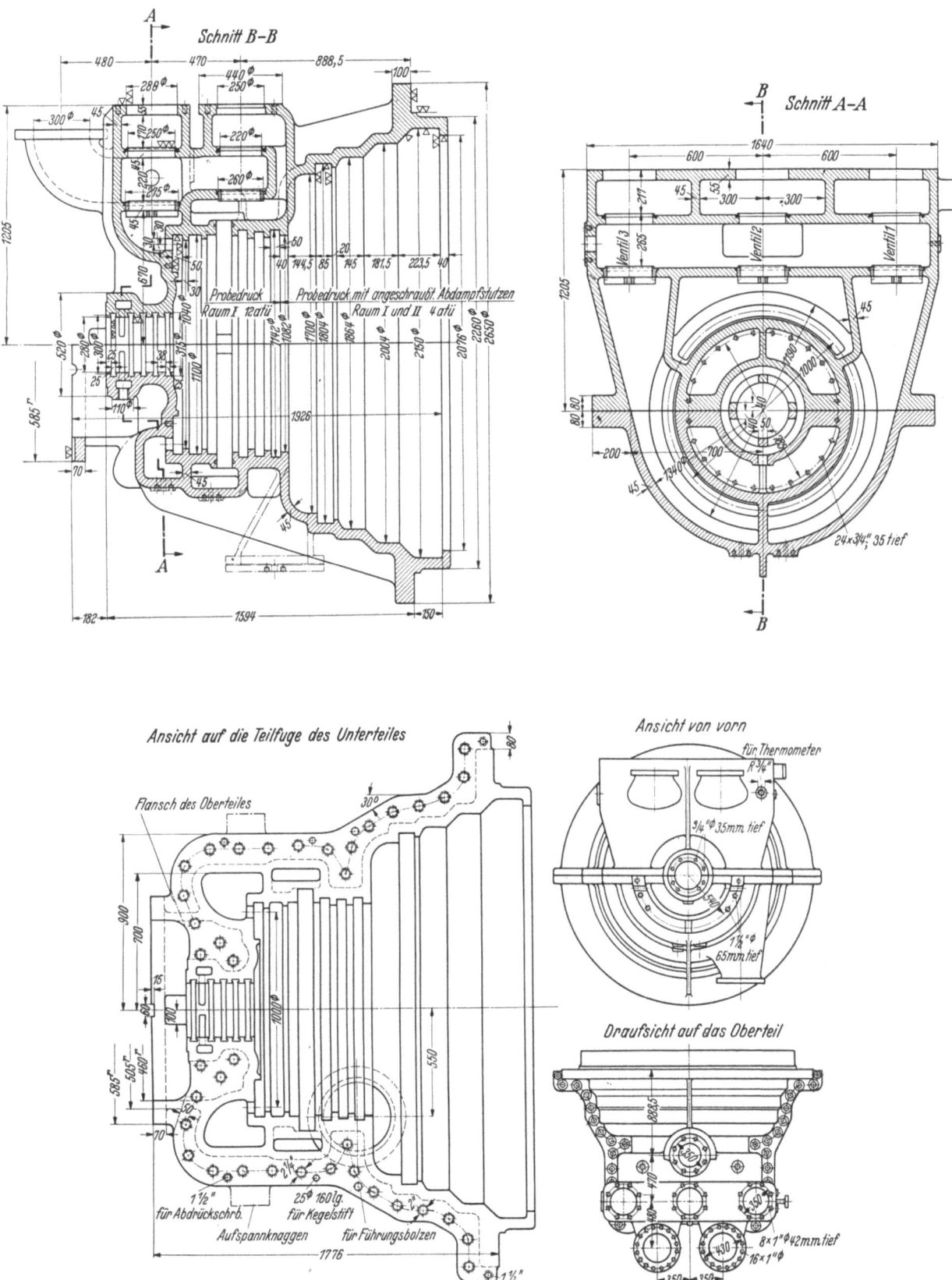

Abb. 96. Vorderteil des Niederdruckgehäuses einer zweigehäusigen Entnahme-Kondensationsturbine (MAN). Der Dampf strömt vom Hochdruckgehäuse durch die zwei vorstehenden Stutzen dem Niederdruckgehäuse zu und wird über die drei nebeneinander angeordneten Ventile der 1. Stufe, die bei großer Last voll beaufschlagt ist, zugeführt, während durch ein weiteres Ventil bei Überlast Zusatzdampf zur 3. Niederdruckstufe geschickt werden kann. Befestigung des Gehäuses vorn durch Ringflansche am Lagerbock.

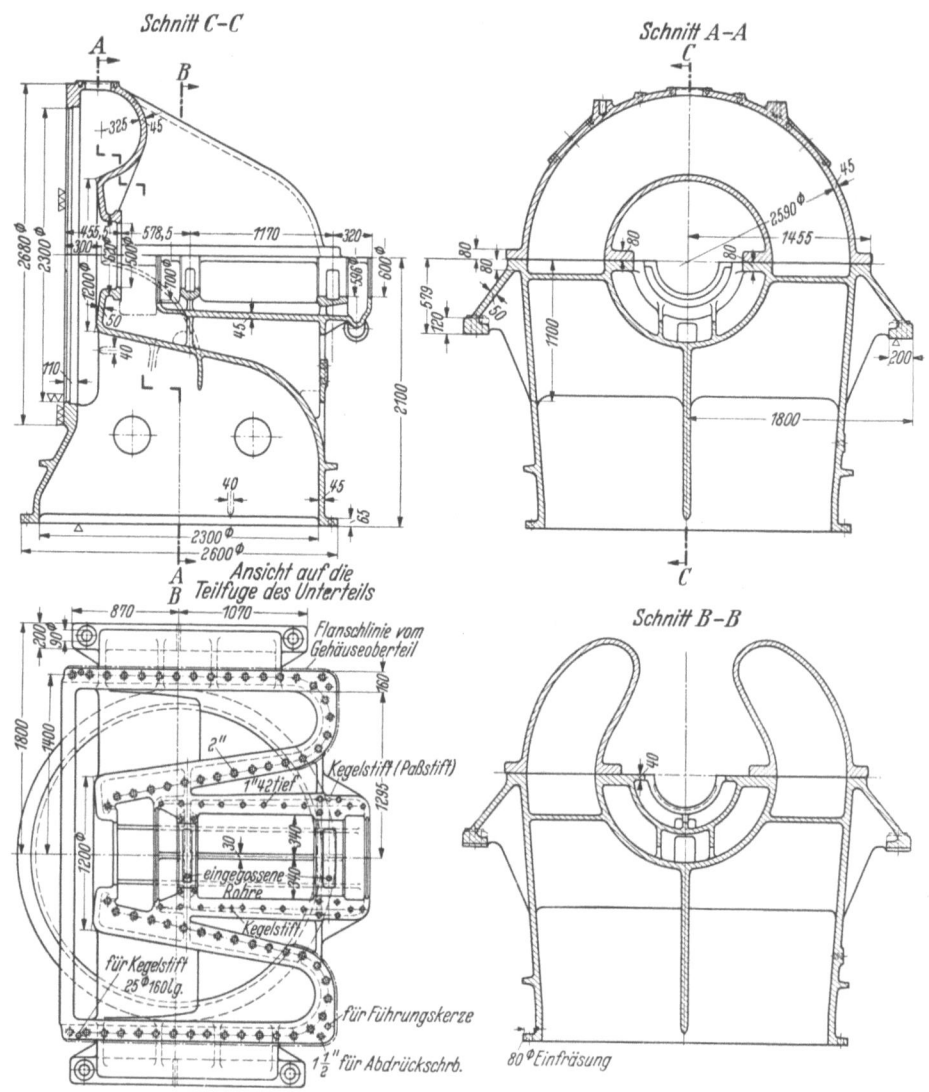

Abb. 97. **Abdampfstutzen des Niederdruckgehäuses** der Abb. 96 der Entnahme-Kondensationsturbine (MAN); sitzt mittels der seitlichen Pratzen auf dem Grundrahmen.

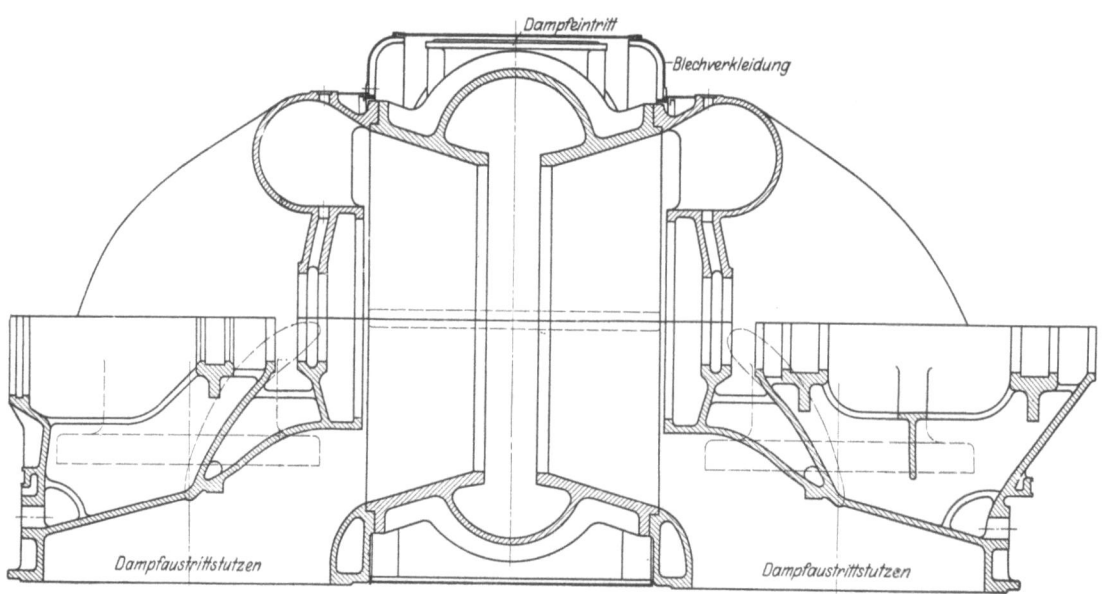

Abb. 98. **Niederdruckturbinengehäuse mit doppelseitigem Dampfaustritt** (BBC); Dampfzuführung durch zwei tangential an das Gehäuse angesetzte Stutzen.

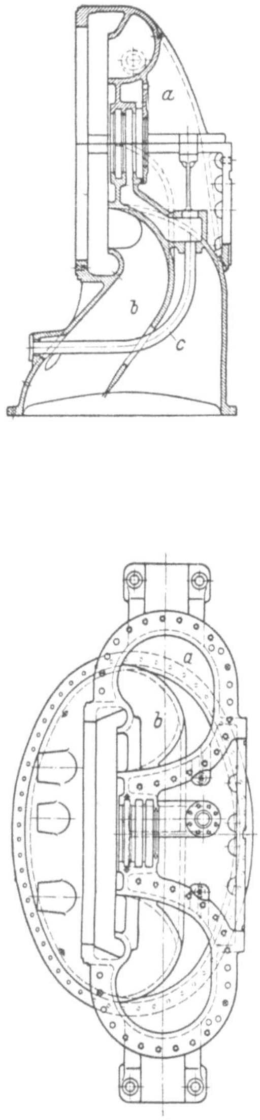

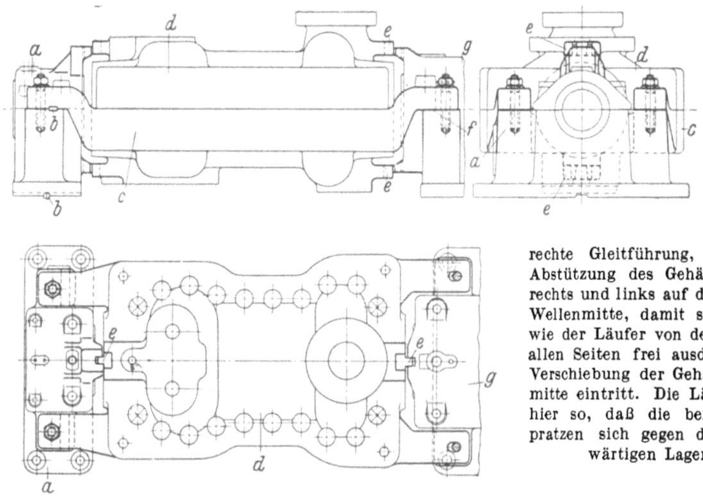

Abb. 100. Verbindung des Gehäuses einer Höchstdruckturbine mit den Lagerböcken, *a* vorderer Lagerbock, *b* Festpunkt, *c* Gehäuseunterteil, *d* Gehäuseoberteil, *e* senkrechte Gleitführung, *f* waagerechte Gleitführung, *g* hinterer Lagerbock. Abstützung des Gehäuses mit zwei Pratzen rechts und links auf den Lagerböcken in Höhe Wellenmitte, damit sich das Gehäuse ebenso wie der Läufer von der Welle aus radial nach allen Seiten frei ausdehnen kann und keine Verschiebung der Gehäusemitte gegen Wellenmitte eintritt. Die Längsverschiebung erfolgt hier so, daß die beiden hinteren Gehäusepratzen sich gegen den festgehaltenen rückwärtigen Lagerbock bewegen.

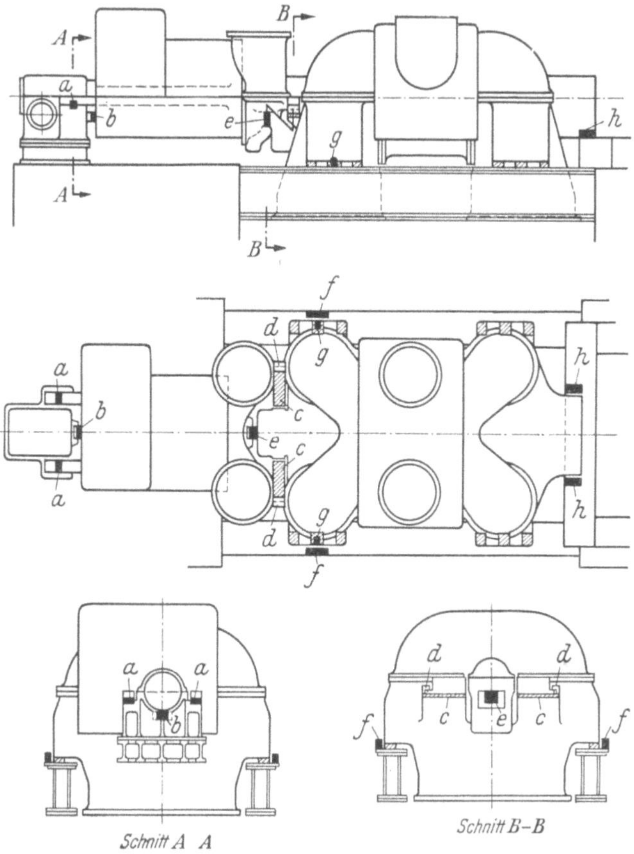

Abb. 99. **Abdampfstutzen.** Die in die obere Gehäusehälfte eintretende Dampfmenge strömt durch *a*, die untere Dampfmenge durch *b* ab, *c* Sperrdampfleitung.

Abb. 101. **Lagerung einer Zweigehäuse-Turbine mit zweiflutigem Niederdruckteil** (Parsons). Lagerung des Hochdruckgehäuses an Dampfeintrittsseite mittels gerade aus dem Flansch hervorstehender Pratzen auf dem feststehenden Lagerbock. Keile *a* geben axiale Fixierung und Keil *b* sichert koaxiale Lage von Lager und Hochdruckteil. Die Pratzen des Hochdruckgehäuses am Dampfaustritt liegen auf zwei am Niederdruckgehäuse angegossenen Böcken, wobei die Muntz-Metallflächen *c* leichte axiale Verschiebbarkeit gewährleisten und die Führungsleisten *d* Querverschiebung verhüten. Keil *e* sichert koaxiale Lage von Hoch- und Niederdruckteil. Der Abdampfstutzen des Niederdruckzylinders, an dem das mittlere Lager angegossen ist, wird durch Zapfen *g* axial fixiert und durch Keile *f* und *h* gegen Querverschiebung gesichert.

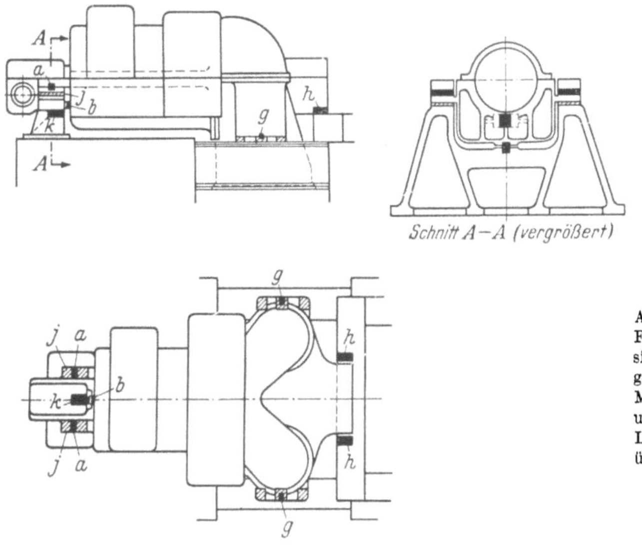

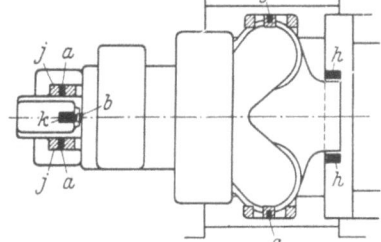

Abb. 102. **Lagerung einer Eingehäuse-Turbine** (Parsons). Axiale Fixierung hier an der Dampfaustrittsseite durch Zapfen *g* mit Rücksicht auf den Kondensator. Das Wellenlager der Hochdruckseite ist getrennt vom Lagerbock und liegt mittels Pratzen gleitend auf den Muntz-Metallflächen *j*. Die Zylinderpratzen liegen auf den Lagerpratzen und sind mit diesen durch Keile *a* axial fixiert. Keil *b* sichert koaxiale Lage von Zylinder und Wellenlager, das seinerseits durch Keil *k* gegenüber dem Lagerbock quer fixiert ist. An der Niederdruckseite sichern die Keile *h* gegen Querverschiebung.

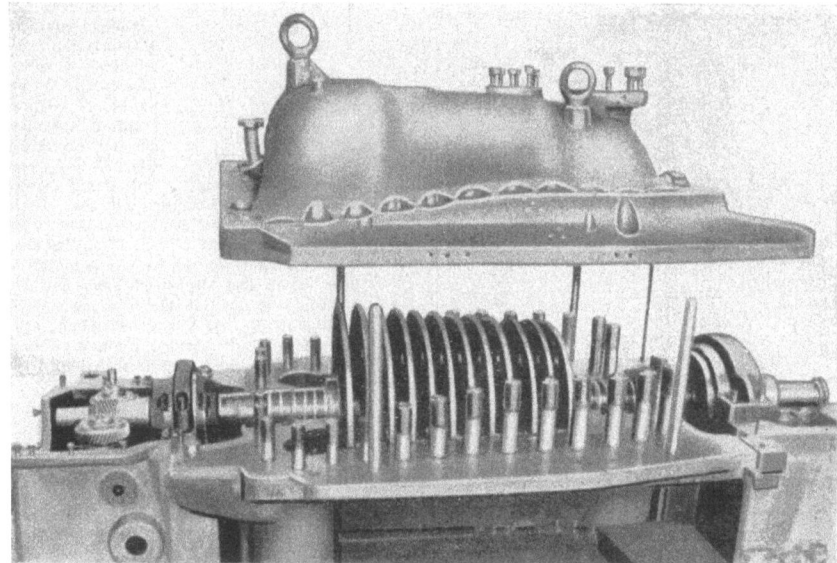

Abb. 103. **Abstützung eines Hochdruckgehäuses** (EW) auf Höhe Wellenmitte, um konzentrische Lage des Gehäuses mit der Welle bei Erwärmung sicherzustellen. Tragpratzen auf HD-Seite hier an Gehäuseoberteil (Deckel) angegossen und auf Rollkörper gelagert, so daß leichte axiale Verschiebbarkeit. Bei Abheben des Gehäuseoberteiles muß Unterteil durch Stützkeile von unten gehalten werden. Gehäuse hier am ND-Ende fixiert. Kammlager an HD-Seite mit HD-Ende des Gehäuses fest verbunden. Bei Erwärmung dehnt sich Gehäuse nach HD-Seite und nimmt über Kammlager Rotor mit, der sich gegen ND-Ende dehnt. Dadurch bleiben Axialspiele annähernd gleich (vgl. Abb. 107).

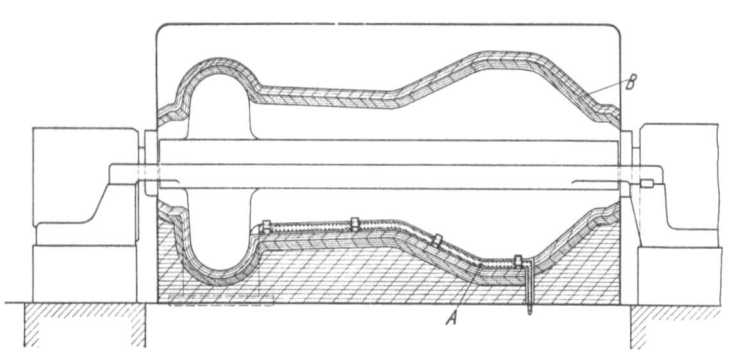

Abb. 104. **Elektrische Widerstandsheizung des Gehäuseunterteils** (BBC). Nach Abstellen der Turbine findet Wärmestrom von unten nach oben statt. Dadurch stärkere Abkühlung aller Teile unterhalb der Wellenachse und Verwerfen von Rotor und Gehäuse nach oben. Gute Isolierung des Gehäuseunterteiles und zusätzliche Widerstandsheizung unten längs des Gehäuses sollen hier den Wärmeverlust des Unterteiles ausgleichen. So kann Turbine auch aus warmem Zustand ohne Schlagen des Läufers und starkes Anstreifen der Dichtungen schnell angefahren werden.

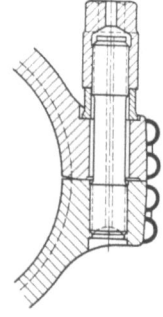

Abb. 105. **Flanschverschraubung für Höchstdruckturbinen** (BBC) (s. Abb. 163). Um möglichst gleichmäßiges Erwärmen von Schraubenbolzen und Flanschen zu erreichen, werden Schraubenbolzen unmittelbar in unteren Flansch eingeschraubt. Stiftschrauben ohne Begrenzungsbund, um Verspannungen in den ersten Gewindegängen zu vermeiden. Verwendung von Kappenmuttern, um Schraubenbolzen möglichst dicht an Zylinderwand rücken, kleine Teilung einhalten und möglichst lange elastische Dehnschrauben anwenden zu können. Unter Kappenmutter Distanzring, wodurch die prozentuale Dehnung der Schrauben innerhalb der Elastizitätsgrenze gehalten wird. Aussparungen im Bereich der Schraubenlöcher und der Schaufelfußnuten zur Vereinfachung nur im Gehäuseoberteil. Durch-den hohen Dichtungsdruck in den schmalen Berührungsflächen erübrigt sich Dichtungsmittel. Beim Anziehen der Kopfschraube wird Stiftschraube mit Schlüssel in eingefräster Nut in unterer Stirnseite gehalten. Bohrung für Meßeinrichtung und Vorwärmung der Schraube beim Anziehen und Lösen. Beheizung des Flansches von außen mittels aufgeschweißter Halbrohre, durch die gedrosselter Frischdampf strömt, um ungleiche Erwärmung und Verformung infolge der Materialanhäufung der dicken Flanschen zu verringern.

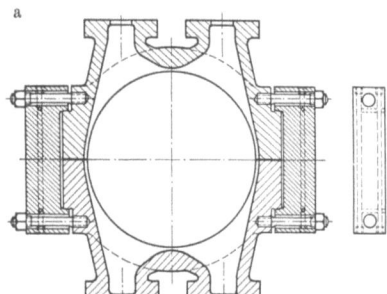

Abb. 106a u. b. **Klammerverbindung für Hochdruckgehäuse** (Parsons) (s. hierzu auch Abb. 164). Starke Materialanhäufung am Flansch vermieden (Abb. 106a). Klammern liegen dicht beieinander (Abb. 106b) und ergeben starken Anpreßdruck. Beim Anschrauben werden die Klammern durch elektrische Widerstandsheizung in den angedeuteten Bohrungen vorgewärmt um dadurch Vorspannung zu erzielen. Klammern werden allerdings zusätzlich auf Biegung beansprucht. Man beachte die symmetrische Ausbildung der Dampfzu- und -abführung (s. hierzu Abb. 167).

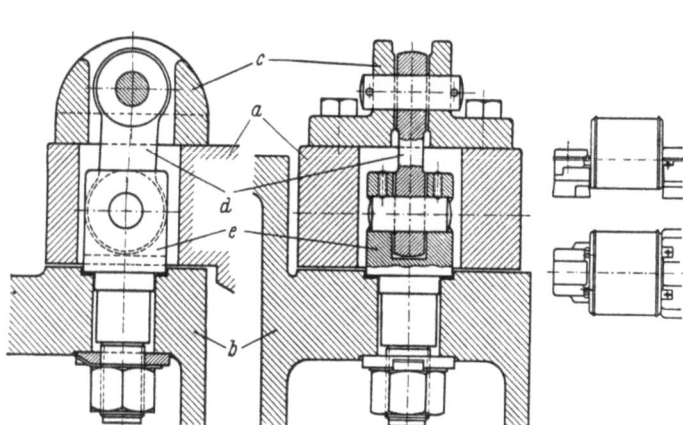

Abb. 107a u. b. **Axial bewegliche Abstützung** des Turbinengehäuses auf Lagerbock (BBC) durch Gelenkstücke c und Spezialbolzen, wodurch fast reibungslose Axialverschiebung ermöglicht ist (s. auch Abb. 148). Die Pratze a des Gehäuses hängt an dem Gelenk c, das über eine Pendelstütze d auf das am Lagerbock verschraubte Gelenkstück e abgestützt ist. Zwischen a und b ist ein kleines Spiel, so daß sich das Turbinengehäuse entsprechend der Erwärmung an der ND-Seite frei dehnen kann. An der HD-Seite, wo sich das Kammlager befindet, wird das Gehäuse mit Keilen an dem mit der Fundamentplatte verbundenen Lagerbock festgehalten. Rotor und Gehäuse dehnen sich von diesem Fixpunkt aus in gleicher Richtung, wobei die Axialspiele annähernd erhalten bleiben.

XIII. Fundamentrahmen.

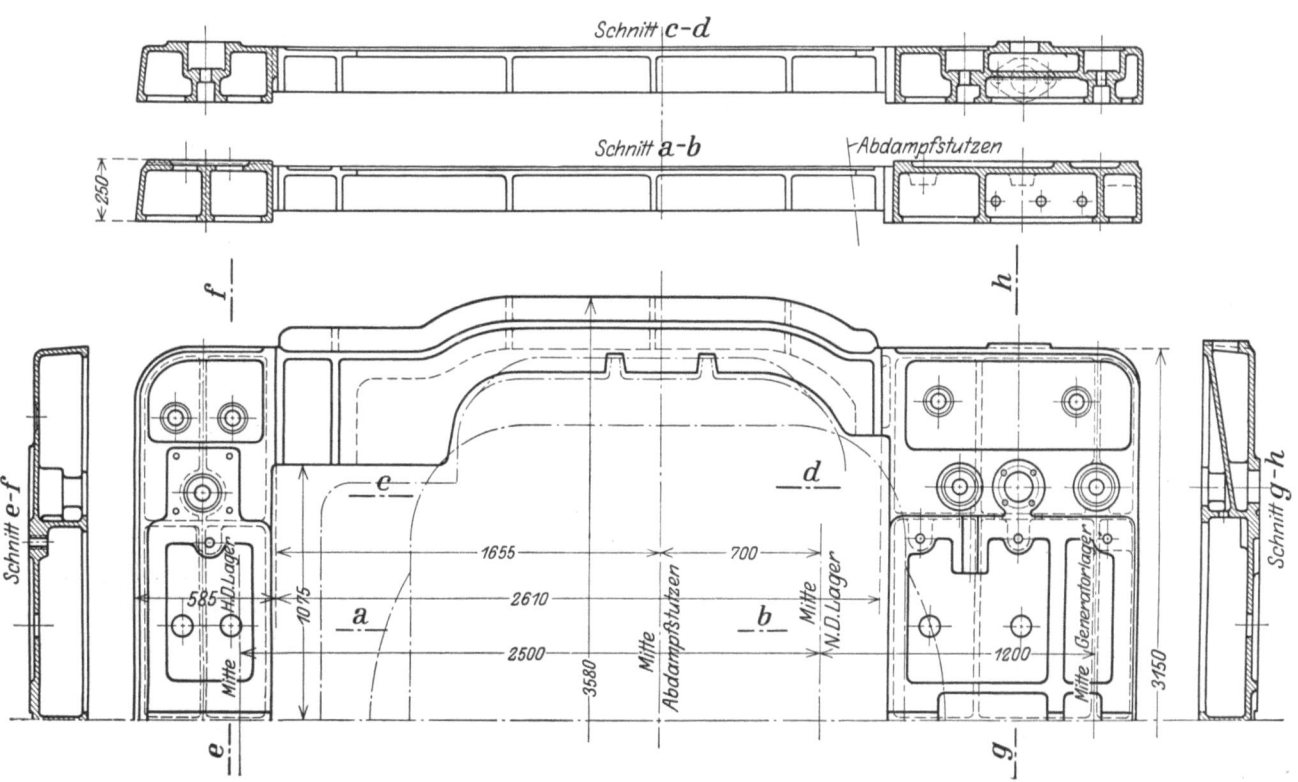

Abb. 108. **Grundrahmen** (EW). Kräftiger durch Rippen versteifter Gußrahmen, um Durchbiegungen und Verlagerungen des Gehäuses oder der Lager zu vermeiden; Rahmen wird durch Vergießen mit Beton fest mit dem Fundament verbunden.

XIV. Regelung.

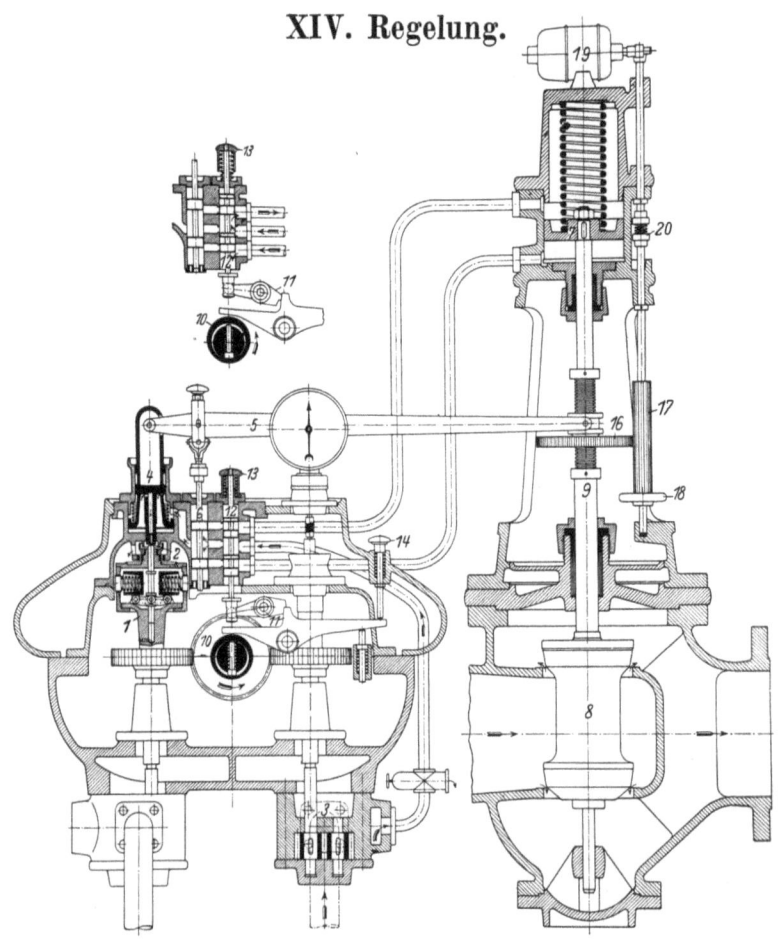

Abb. 109. **Drosselregelung mit Vorsteuerung (EW).** Das Drucköl von der Ölpumpe 3 gelangt über den Umschaltschieber 12 und Steuerschieber 6 zum federbelasteten Differentialkolben 4 und kann über eine Drosselbohrung durch das Innere der Kolbenspindel nach unten durch die Bohrung 2 ablaufen. Bei steigender Drehzahl (Entlastung) z. B. bewegt sich die Reglerspindel 1 nach aufwärts gegen die Bohrung 2 und drosselt dadurch den Ölablauf, wodurch der Druck unter dem Kolben 4 steigt und der Kolben nach oben geschoben wird, der Kolben folgt also der Reglerspindel. Der Kolben verstellt nun mittels Hebel 5 den Steuerschieber 6 und bewirkt durch Ölzufuhr über oder unter dem Servomotorkolben 7 die Verstellung des Regelventils 8. Die Drehzahlverstellung erfolgt durch Verschieben des Regulierhebelpunktes an der Ventilspindel durch die Mutter 16 von Hand mittels Rad 18, oder durch den Motor 19. Das Reglerventil ist gleichzeitig als Schnellschlußorgan ausgebildet. Bei Überschreiten der zulässigen Drehzahl schlägt der Sicherheitsregler 10 (s. Abb. 124) aus und klinkt den Hebel 11 aus, wodurch der Umschaltschieber 12 durch die Feder 13 nach oben gezogen wird und das Drucköl über den Servomotorkolben 7 treten läßt, so daß sich das Ventil 8 schließt; ebenso bewirkt bei ungenügendem Öldruck die Feder über dem Kolben 7 das Schließen des Ventils. Der Knopf 14 dient zur Auslösung der Vorrichtung von Hand.

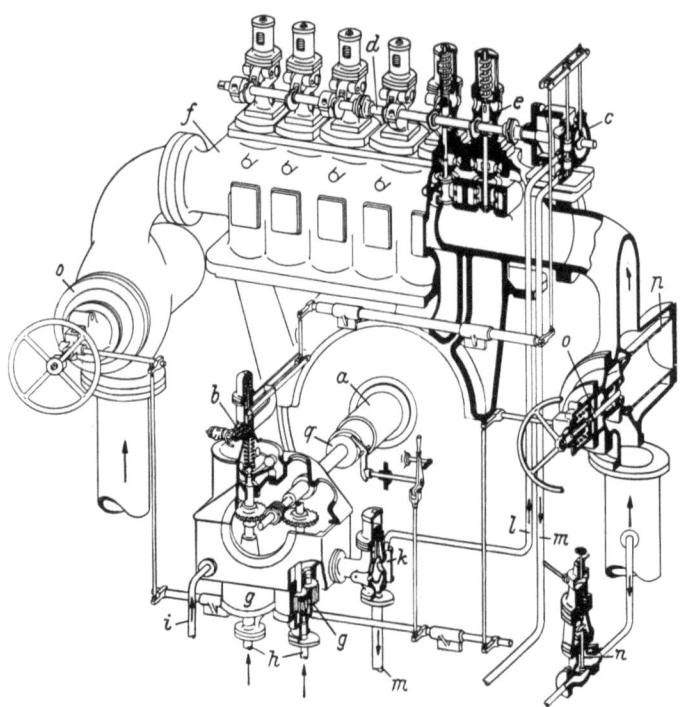

$a =$ Turbinenwelle
$b =$ Drehzahlregler
$c =$ Kraftgetriebe
$d =$ Nockenwelle
$e =$ Düsengruppenventil
$f =$ Einströmkasten
$g =$ Hauptölpumpe
$h =$ Ölsaugleitung
$i =$ Öldruckleitung von der Hilfsölpumpe
$k =$ Ölverteilungsventil
$l =$ Öldruckleitung zur Reglung (5 atü)
$m =$ Ölleitung zur Lagerschmierung (0,5 atü)
$n =$ Selbsttätiges Anfahrventil der Hilfsölpumpe
$o =$ Schnellschlußventil
$p =$ Dampfsieb
$q =$ Schnellschluß-Schwungring

Abb. 110. **Düsen-Drossel-Regelung mit Sicherheitsvorrichtungen (AEG).** Die Düsengruppenventile e werden mittels eines Hebels (s. Abb. 126) von der Nockenwelle d, die durch Kraftgetriebe (Drehkolbenmotor) c gedreht wird, betätigt, wobei die Nocken so gegeneinander versetzt sind, daß die Ventile nacheinander öffnen. Die Rückführung des bei c angeordneten Steuerschiebers; der vom Drehzahlregler b über Gestänge verstellt wird, erfolgt durch die dritte am Bügel des Steuerschiebers angreifende Stange, welche mit dem Kraftgetriebe c in Verbindung steht (s. auch Abb. 129). Drehzahlverstellung erfolgt durch Änderung der Muffenbelastung am Drehzahlregler b. Wirkung der Schnellschlußvorrichtung kann aus Abb. 120 genau ersehen werden.

Abb. 111a. Düsengruppenregelung einer großen Kondensationsturbine mit seitlich liegenden Steuerventilen (AEG). Ältere Ausführung. Besonders geeignet für Betrieb mit hoher Frischdampftemperatur.
Wirkung der Regelung wie bei Abb. 110.

a = Drehzahlregler
b = Drehzahlverstellvorrichtung
c = Regelgestänge
d = Drehkraftgetriebe
e = Nockenwelle
f = seitlich liegende Steuerventile
$g_{1,2,3}$ = Düsensegmente
h = vorderer Turbinenlagerbock
i = Ölpumpe

Abb. 111b. Regelung und Sicherheitsvorrichtungen einer Kondensationsturbine mit ungesteuerter Entnahme (AEG). Die Drehzahländerung der Turbine wird vom Drehzahlregler 2 gemessen und mit Regelschieber 5 durch Verstellen der Ein- und Austrittsquerschnitte für das Drucköl in Öldruckänderung umgewandelt. Hierdurch wird jeder Turbinendrehzahl ein bestimmter Öldruck („Impulsdruck") zugeordnet, der auf den federbelasteten Kolben des Empfängers 6 einwirkt und die Regelbefehle über den Verstärker 7 rückwirkungsfrei auf den Steuerschieber 8 und damit auf den Stellmotor 9 und die Düsengruppenventile 11 (s. auch Abb. 126) weiterleitet. Bei Gefahr einer unzulässig hohen Drehzahl werden durch Auslösen des Schnellschlusses 16 die Hauptabsperr-Schnellschluß-Ventile 13 durch Federkraft zugeschlagen. Schnellschlußabhängig sind auch die Anzapf-Rückschlagventile 23, um die Rückströmung von Anzapfdampf aus dem Heizdampfnetz beim Schnellschluß-Schließen der Turbine zu unterbinden.

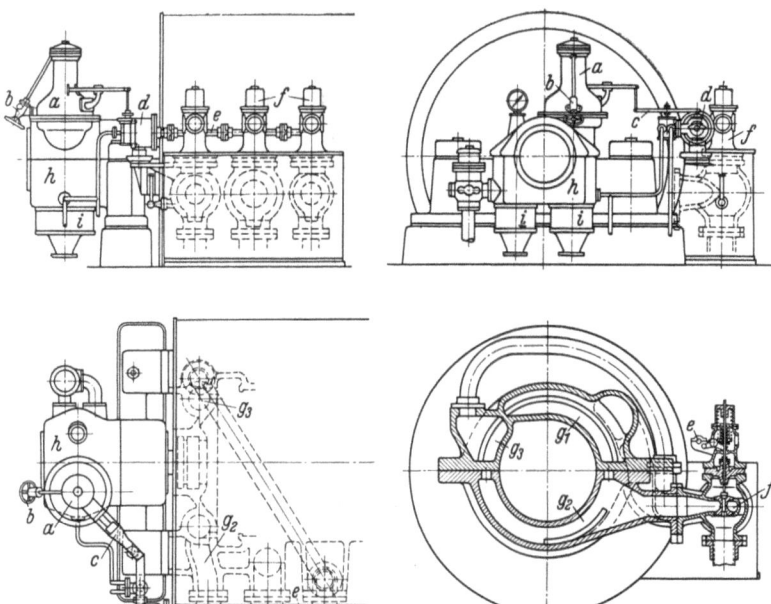

Abb. 111a.

Die Einzelteile 2 bis 11 der Regeleinrichtung sind hier der Reihe nach — in schematischer Darstellung — angeordnet. Abb. 129 veranschaulicht wie die wichtigen Teile 6 bis 9 wirklich gestaltet und dabei zu einem „Apparat" zusammengefaßt sind. Bei Abb. 129 ist die Wirkungsweise der Regelungseinrichtung nochmals eingehend beschrieben.

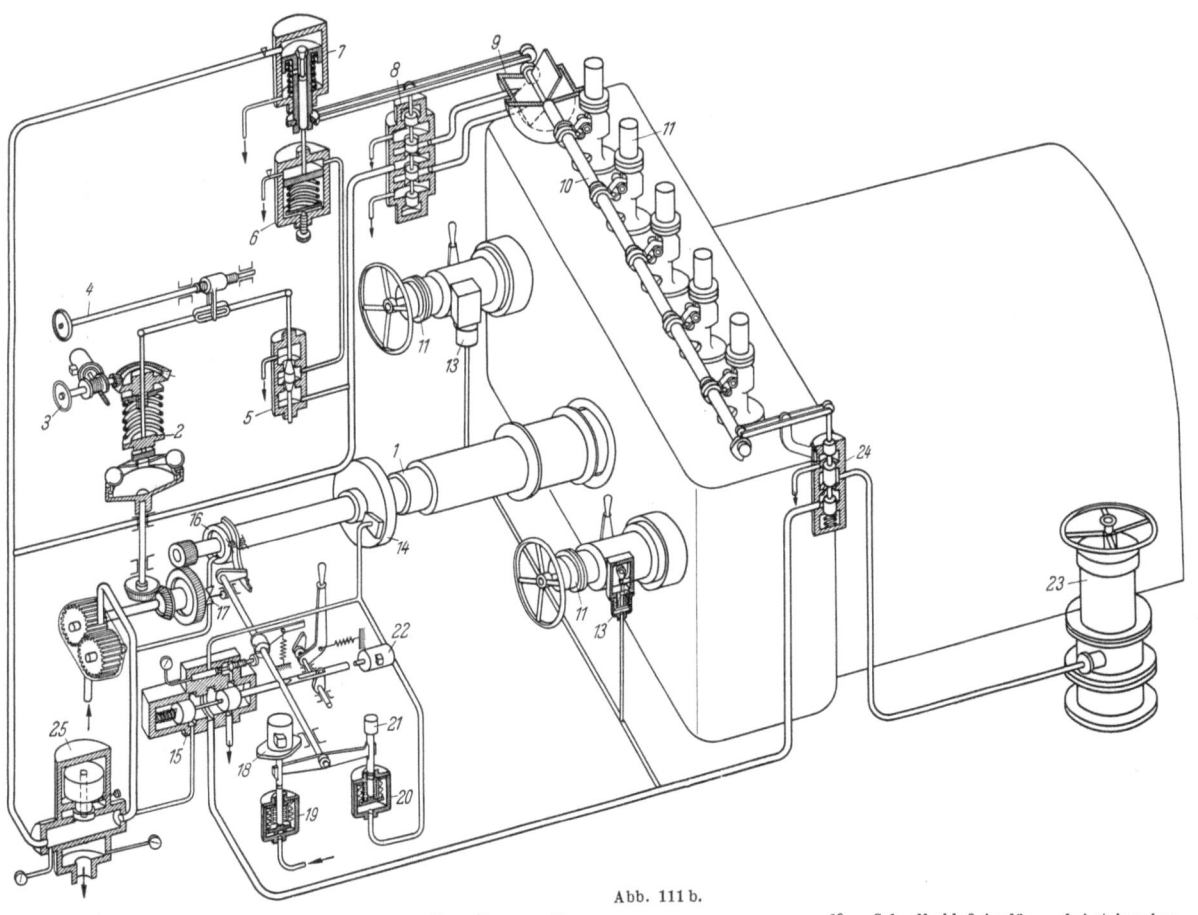

Abb. 111b.

1 = Turbinenwelle
2 = Drehzahlregler
3 = Drehzahlverstellung
4 = Einstellung des Proportionalbereiches
5 = Regelschieber (Geber)
6 = Empfänger
7 = Verstärker
8 = Steuerschieber
9 = Stellmotor
10 = Nockenwelle
11 = Steuerventile
12 = Schnellschlußventile
13 = Ausklinkvorrichtung zu Schnellschlußventilen
14 = Spurscheibe zum Klotzdrucklager
15 = Schnellschluß-Schieber
16 = Schnellschluß-Schwungring
17 = Schnellschluß-Prüfvorrichtung
18 = Schnellschluß-Auslösung durch Hubmagnet (Fernauslösung)
19 = Schnellschluß-Auslösung bei steigendem Kondensatordruck
20 = Schnellschluß-Auslösung bei sinkendem Öldruck und Axialverschiebung des Läufers
21 = Schnellschluß-Handauslösung
22 = Schnellschluß-Kontakt für Generatorschalter
23 = Anzapfrückschlag-Schnellschlußventil
24 = Kraftschalter zu 23
25 = Ölverteilungsventil

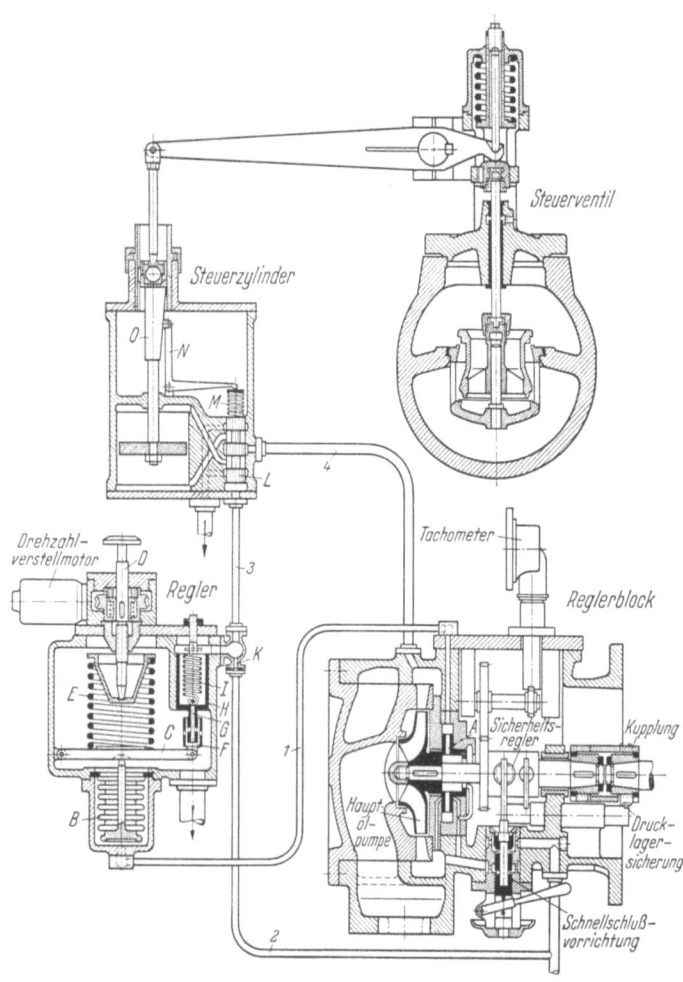

Abb. 112. **Schema einer neueren Drehzahlregelung mit Regelkreisel (SSW)**. Die Hauptölpumpe liefert das Kraftöl für den Antrieb der Servomotoren, die Regelung der Maschine wird hier bewirkt durch einen **hydraulischen Regler**, den Regelkreisel A. Hinter dem Druckstutzen der Hauptölpumpe wird Öl abgezweigt zu einem Regelkreisel A, der den Regelimpuls über Primärölleitung 1 gibt. Eine weitere Abzweigung vom Druckstutzen der Hauptölpumpe führt über den Steuerschieber des Sicherheitsreglers der Schnellschlußvorrichtung in die sekundäre Regelölleitung. Zur Erläuterung des Regelvorganges sei angenommen, daß die Belastung steigt, d. h. die Drehzahl sinkt. Der impulsgebende Regelkreis A, in dessen radialen Bohrungen ein der Drehzahl entsprechender Öldruck erzeugt wird, liefert jetzt einen kleineren Druck in Primärölleitung 1. Membran B und damit Hebel C und Steuerhülse F werden durch Feder E nach unten gedrückt, wodurch die Überdeckung der Ölabflußfenster in F und Steuerstift G verringert wird. Dadurch steigt der Sekundäröldruck über Folgekolben H, welcher sich so weit gegen die Spannung der Zugfeder I nach unten vorschiebt, bis die durch die Fenster F und G abfließende Ölmenge wieder gleich der vom Schnellschlußregler über Leitung 2 und Blende K zuströmenden ist. Das Steigen des Steueröldruckes über H und damit in Sekundärölleitung 3 führt zur Aufwärtsbewegung des Steuerschiebers L, wodurch Drucköl aus Leitung 4 über den Kraftkolben des Steuerzylinders fließt, diesen nach unten drückt, das Einlaßventil der Turbine, hier Steuerventil genannt, öffnet und damit die Leistung der Turbine erhöht. Rückführung über den mit der Kolbenstange drehbaren exzentrischen Rückführkonus O, Rückführhebel N und Feder M. Der Schnellschlußregler besorgt bei seinem Eingreifen über die Sekundärölleitung das Schließen der Düsengruppenventile und des vorgeschalteten Hauptabsperr-Schnellschlußventiles (Einsitzventil), durch das die gesamte Dampfmenge strömt (hier nicht abgebildet). Durch Spannen der Reglerfeder E über Verstellvorrichtung D kann Drehzahl entweder von Hand oder durch fernsteuerbaren E-Motor verändert werden.

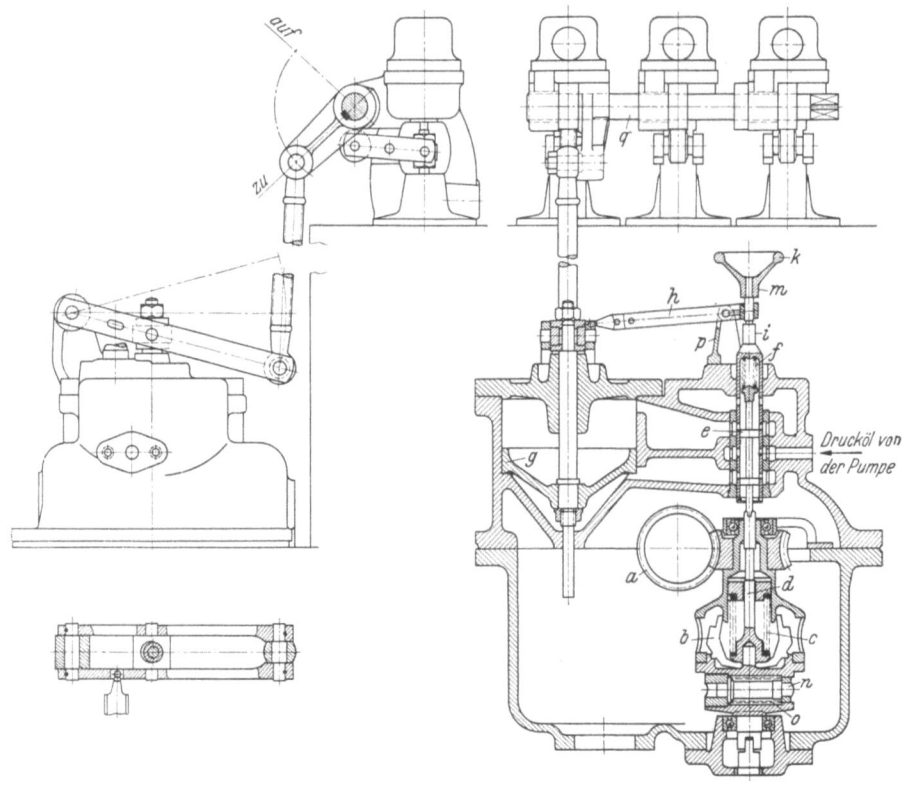

a = Dampfturbinenwelle
b = Fliehkraftregler
c = Feder des Fliehkraftreglers
d = Reglerstift
e = Steuerkolben
f = Feder des Steuerkolbens
g = Kraftkolben
h = Hebel
i = Büchse
k = Handrad
m = Blattfeder zum Sperren des Handrades
n = Bolzen des Schnellschlußreglers
o = Feder des Schnellschlußreglers
p = Lagerböckchen
q = Nockenwelle

Abb. 113. **Druckölnockensteuerung für Kleinturbinen (BBC)**. Der von Turbinenwelle a über Schneckentrieb angetriebene Fliehkraftregler b verändert bei Drehzahländerung Lage des Steuerkolbens e, wodurch Drucköl über oder unter Kraftkolben g gesteuert wird. Übertragung der Kraftkolbenbewegung über Hebel und Nockenwelle q auf Düsengruppenventile. Rückführung über Hebel h und Büchse i auf Steuerkolben. Verbindung mit druckabhängigem Regler dadurch möglich, daß Drehpunkt des Hebels h Angriffspunkt des Druckreglers wird.

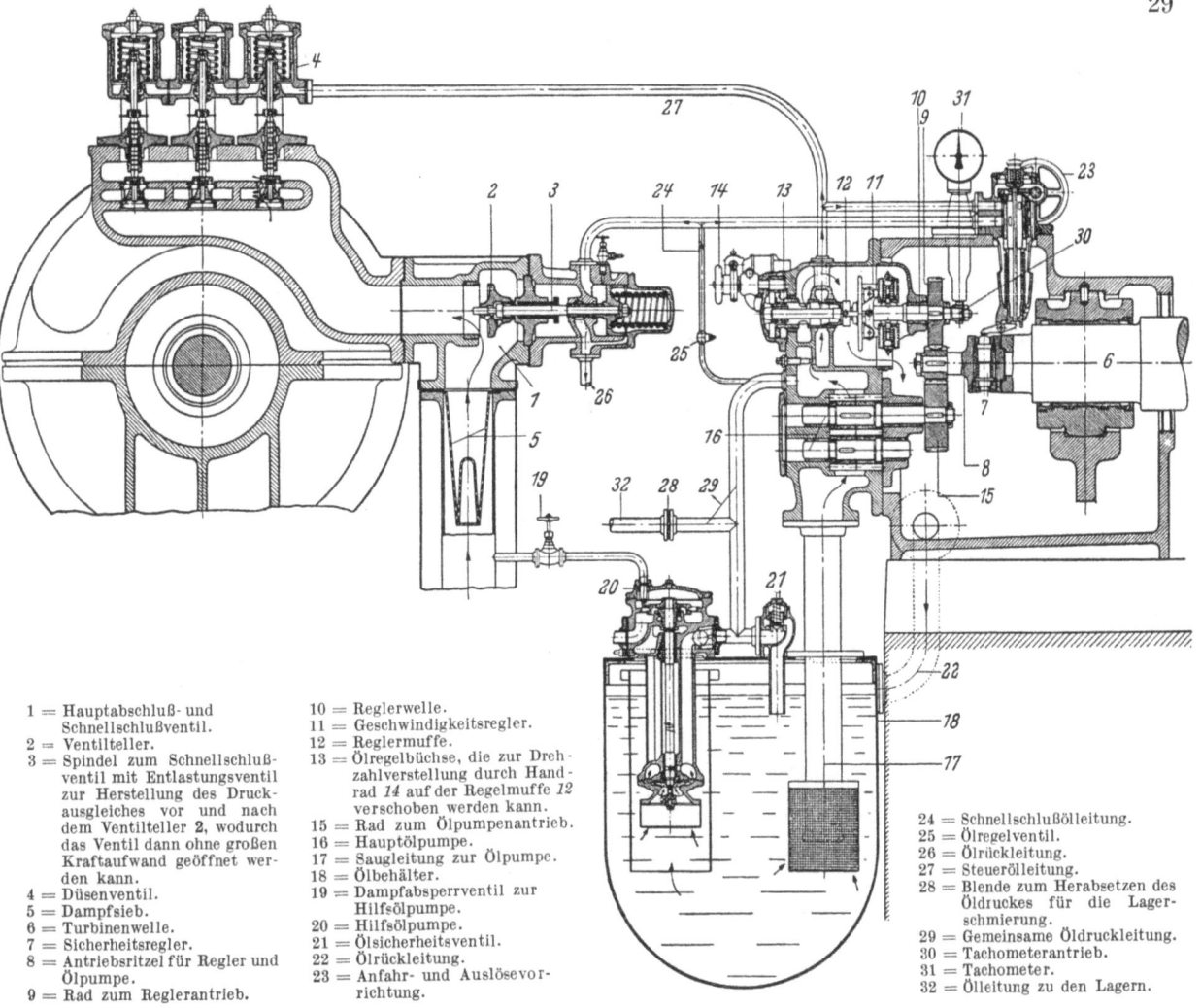

1 = Hauptabschluß- und Schnellschlußventil.
2 = Ventilteller.
3 = Spindel zum Schnellschlußventil mit Entlastungsventil zur Herstellung des Druckausgleiches vor und nach dem Ventilteller 2, wodurch das Ventil dann ohne großen Kraftaufwand geöffnet werden kann.
4 = Düsenventil.
5 = Dampfsieb.
6 = Turbinenwelle.
7 = Sicherheitsregler.
8 = Antriebsritzel für Regler und Ölpumpe.
9 = Rad zum Reglerantrieb.
10 = Reglerwelle.
11 = Geschwindigkeitsregler.
12 = Reglermuffe.
13 = Ölregelbüchse, die zur Drehzahlverstellung durch Handrad 14 auf der Regelmuffe 12 verschoben werden kann.
15 = Rad zum Ölpumpenantrieb.
16 = Hauptölpumpe.
17 = Saugleitung zur Ölpumpe.
18 = Ölbehälter.
19 = Dampfabsperrventil zur Hilfsölpumpe.
20 = Hilfsölpumpe.
21 = Ölsicherheitsventil.
22 = Ölrückleitung.
23 = Anfahr- und Auslösevorrichtung.
24 = Schnellschlußölleitung.
25 = Ölregelventil.
26 = Ölrückleitung.
27 = Steuerölleitung.
28 = Blende zum Herabsetzen des Öldruckes für die Lagerschmierung.
29 = Gemeinsame Öldruckleitung.
30 = Tachometerantrieb.
31 = Tachometer.
32 = Ölleitung zu den Lagern.

Abb. 114. **Schematische Darstellung einer gestängelosen Druckölsteuerung** (BBC). Die Zahnradölpumpe *16* liefert das Drucköl für die Lagerschmierung und die Steuerung. Das Steueröl strömt über einen Ringraum durch einen Schlitz, der durch die Reglermuffe *12*, auf die unmittelbar der Fliehkraftregler *11* wirkt, gesteuert wird. Bei zunehmender Drehzahl z. B. wird die Muffe gegen den Regler gezogen und der Reglerschlitz in der Büchse mehr geöffnet, wodurch der Ölabfluß erhöht wird; dadurch sinkt der Öldruck und die Düsenventile *4*, auf deren Steuerkolben durch die Leitung 27 der Öldruck des Ringraumes wirkt, schließen sich, da gegen den Öldruck auf die Steuerkolben Federn wirken. Diese Federn sind abgestuft, so daß ein Ventil nach dem andern geschlossen bzw. geöffnet wird. Die Steuerkante der Reglermuffe ist leicht abgeschrägt, damit bei jeder Umdrehung eine geringe Veränderung der Öffnung des Ölabflusses und damit des Öldruckes entsteht, was zur Folge hat, daß die Düsenventile dauernd leicht schwingen, so daß ein Hängenbleiben der Ventile sicher verhindert wird.

A = Schnellschlußventil,
B = Frischdampf-Zusatzventil,
C = Kraftkolben von B,
D = Druckregelventil,
E = Steuerung für D,
G = Druckregler,
H = Membrane für G,
J = Rückschlagventil,
K = Einstellschraube,
L = Rückschlagklappe,
M = Schieber,
N = Druckstutzen der Ölpumpe,
O = Absperrventil.

1 = Frischdampfleitung,
2 = Entnahmeleitung,
3 = Frischdampf-Zusatzleitung,
4 = Impulsleitung zu G,
5 = Druckölleitung von der Pumpe,
6 = Druckölleitung von G nach B und L,
7 = Ölleitung zur Anfahr- und Auslösevorrichtung,
8 = Ölrücklaufleitung zum Behälter.

Abb. 115. **Druckölsteuerung einer Entnahmeturbine mit ungesteuerter Entnahme** (jedoch ein Druckregler mit Frischdampfzusatzventil in die Entnahmeleitung eingebaut) (BBC). Wenn Entnahmemenge **gering** im Vergleich zu Gesamtdampfmenge zur Konstanthaltung des Entnahmedruckes, lohnt sich u. U. nicht Drosselung der Gesamtdampfmenge. Entnahme an einer Stelle der Turbine, wo bei normalen Betriebsverhältnissen der Druck über dem Entnahmedruck liegt. Drosselung der Entnahmemenge dann über Drosselventil *D*, das gesteuert wird über Impulsleitung 4 und Druckregler *G*. Sinkt bei kleiner Belastung der Turbine der Druck an der Entnahmestelle unter den geforderten Entnahmedruck, steigt Öldruck in 6 so stark, daß über *C* das Frischdampfzusatzventil *B* öffnet. Rückschlagklappe *J* schließt sich. Entnahmeleitung wird jetzt mit gedrosseltem Frischdampf gespeist.

Abb. 116. Schema einer Entnahmeregelung (SSW). „Gleichwertsteuerung" derart, daß bei Änderung der Entnahmemenge die Leistung und Drehzahl der Maschine und andererseits bei Änderung der Leistung und Drehzahl die Entnahmemenge auf gleichem Wert gehalten wird. Die Regelvorgänge verlaufen folgendermaßen:

Fall 1: Entnahme konstant, Belastungsabnahme, Drehzahlanstieg. Druck nach Regelkreisel (s. Abb. 112 und 118) steigt, Membran B wird hochgedrückt, hebt über Doppelhebel C die Steuerhülsen F_H und F_N, Ölabfluß durch Fenster in Hülsen und Folgekolben wird vergrößert, Öldruck unter L_H und L_N sinkt, Kolben der Steuer-Zylinder HD und ND gehen nach oben, HD- und ND-Ventile schließen (s. Abb. 112). Durch Anpassung der Öldrücke und Federn wird bewirkt, daß sich die Hübe der HD- und ND-Ventile im Verhältnis gleicher Dampfmenge ändern. Es strömt bei gleicher Entnahme durch HD- und ND-Teil so viel weniger Dampf, daß die Leistung der Belastung angepaßt ist.

Fall 2: Belastung konstant, Entnahmemenge sinkt, Entnahmedruck steigt. Membran drückt Strahlrohr c über Öffnung 2 (s. Abb. 118), Druckreglerkolben f geht nach oben, Hebel k zieht über Feder I_N Folgekolben H_N nach oben und drückt über Feder I_H Folgekolben H_H nach unten, Ölabfluß bei F_H vergrößert,

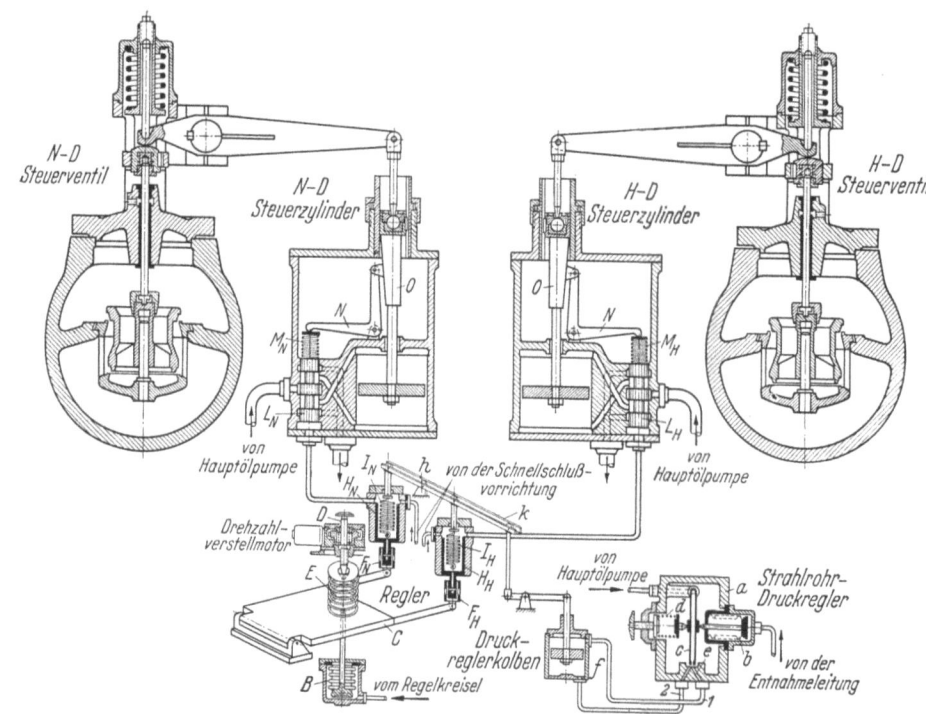

bei F_N verringert. Steuerschieber L_H geht abwärts, L_N aufwärts, Steuerkolben des HD-Zylinders aufwärts, des ND-Zylinders abwärts, HD-Ventil schließt, ND-Ventil öffnet. Durch geeignete Hebelverhältnisse wird erreicht, daß die Leistungsänderungen von HD-Teil und ND-Teil sich aufheben. An der Entnahmestelle fließt jetzt vom HD-Teil weniger zu und zum ND-Teil mehr ab. Entnahmedruck sinkt bei verringerter Entnahme auf Normalwert. Durch gleichzeitige und entgegengesetzte Einwirkung des Entnahmedruckreglers auf die HD- und ND-Ventile (Fall 2) und gleichzeitige und gleichsinnige Einwirkung des Geschwindigkeitsreglers auf die HD- und ND-Ventile (Fall 1) erübrigt sich Nachregeln des einen Reglers beim Regelvorgang des anderen.

Abb. 117a—c. Öldruck-Entnahmeregelung mit Druckwandler (BBC). Die Entnahmeregelung soll durch Impulsgabe von der Drehzahl und dem Entnahmedruck her die Leistung der Turbine und die Entnahmemenge möglichst unabhängig voneinander regeln. Bei Leistungsänderung und konstanter Entnahmemenge müssen also die Einlaß- und Überströmventile in gleichem Sinne so weit öffnen oder schließen, daß sich die durchströmenden Dampfmengen vor und hinter der Entnahmestelle um den gleichen Betrag ändern. Bei Entnahmeänderung und gleicher Leistung dagegen müssen sich die durchströmenden Dampfmengen vor und hinter der Entnahmestelle so ändern, daß die Leistungsabweichungen in beiden Teilen sich aufheben, d. h. die Einlaß- und Überströmventile müssen in entgegengesetztem Sinne steuern. Es ist deshalb zwischen die impulsgebenden Primärdruckleitungen vom Fliehkraftregler bzw. Entnahmedruckregler her und die steuernden Sekundärleitungen zu den Einlaß- bzw. Überströmventilen hin ein Druckwandler 3 eingeschaltet (s. Abb. 117a), der diese beiden Steuerorgane entsprechend den Schwankungen der Betriebsgrößen unabhängig voneinander steuert. Gem. Abb. 117b läßt man den die Leistung bestimmenden Druck p_n bei a unter den beiden Stufenkolben des Druckwandlers nach oben, den die Entnahme bestimmenden Druck p_e dagegen bei b an einem Stufenkolben nach oben, am anderen aber nach unten wirken. **Bei Leistungsänderungen bewegen sich also die Stufenkolben in gleichem Sinn.** Die Steuerkanten x und y (Abb. 117b) verändern somit den Druck des Kraftöles p_f und $p_{\ddot{u}}$ im gleichen Sinn, wodurch wiederum die Ventile 4 und 5 (Abb. 117b) ihre Öffnung gleichsinnig verändern. **Bei Entnahmeänderung bewegen sich beide Stufenkolben und damit beide Ventilgruppen in entgegengesetztem Sinn.** Somit erfüllt der Druckwandler sinngemäß die an die Entnahmesteuerung gestellten Forderungen. Die richtige Größe der Verstellungen erreicht man durch entsprechende Bemessung der Stufenkolben. Rückführung der Steuerkolben erfolgt durch den gesteuerten Kraftöldruck p_f und $p_{\ddot{u}}$, der jeweils bei c von oben auf den Steuerkolben wirkt (Abb. 117b). Die zusätzlichen Steuerkanten A_1–A_4 der Abb. 117c sorgen für richtiges Regeln **in den Grenzzuständen.** Soll z. B. bei maximaler Öffnung der Einlaßventile die Leistung bei gleicher Drehzahl weiter gesteigert werden, muß die Entnahmemenge und damit der Entnahmedruck sinken. Steuerschieber 6 geht nach oben und steuert mit A_1 einen Ölabfluß aus den Räumen S und T über U; p_e sinkt, dadurch geht 7 nach oben, $p_{\ddot{u}}$ steigt, Überströmventil öffnet. p_e übernimmt nun auch an Stelle von p_f die Rückführung von 6. Die Überströmventile öffnen nicht weiter als zur Einhaltung der Leistung ohne Drehzahlabfall erforderlich ist, Entnahmedruck sinkt. Dieses Steuerungssystem ist für beliebig viele Entnahmestellen anwendbar, wobei die Regel gilt: der Steueröldruck der Entnahmestelle wirkt in **gleicher** Richtung wie der Steueröldruck des Drehzahlreglers auf die Ventilgruppen, die **vor** der Entnahmestelle liegen und in **entgegengesetzter** Richtung auf jene Ventilgruppen, die **nach** der Entnahmestelle angeordnet sind.

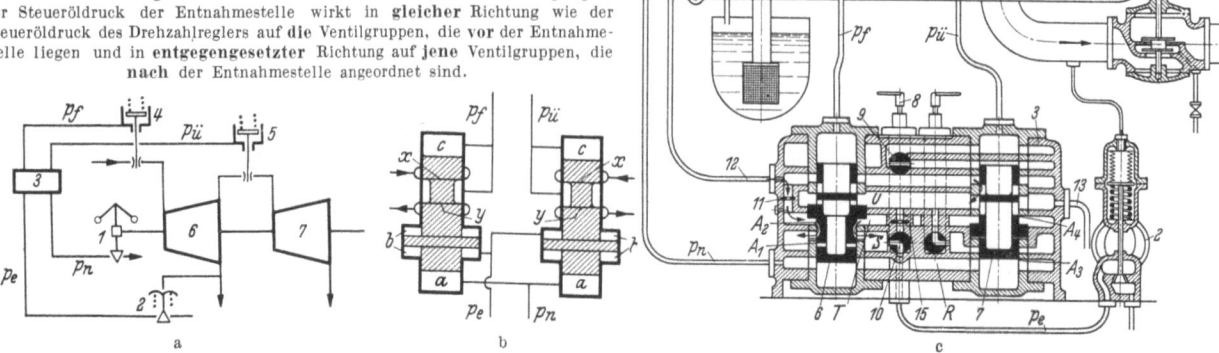

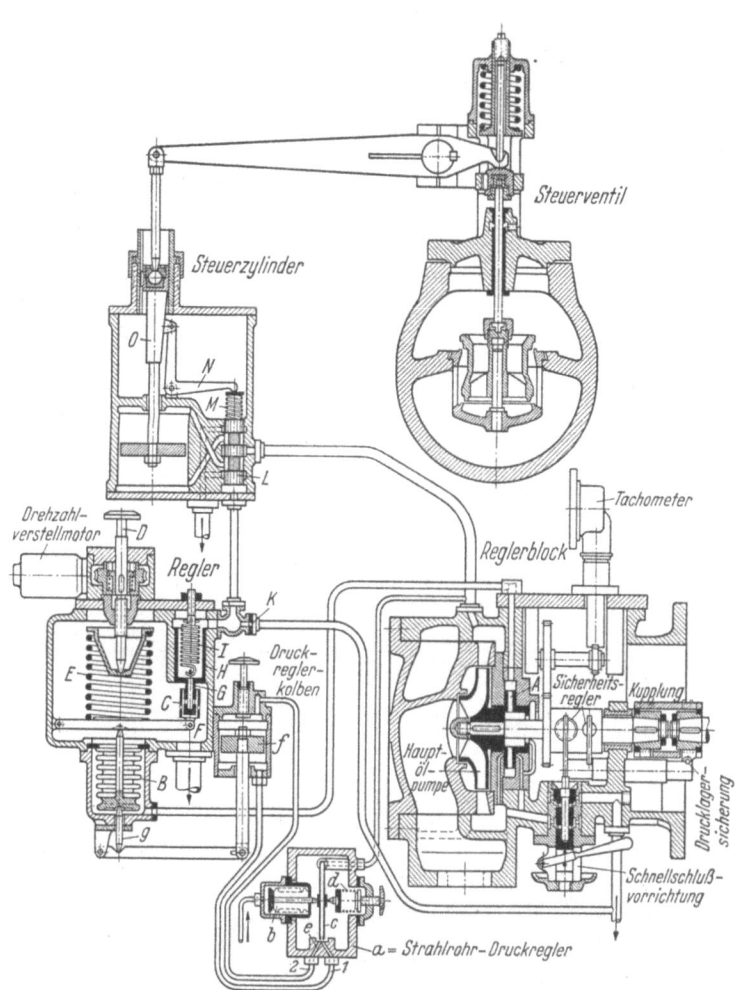
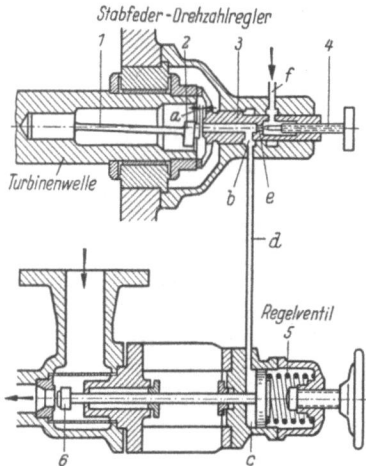

Abb. 118. **Schema einer Gegendruckregelung (SSW).** Zur Erläuterung des Regelvorganges sei angenommen, daß der Gegendruck hinter der Turbine infolge sinkenden Dampfbedarfes ansteigt. Dadurch wird Membran b des Druckreglers a das Strahlrohr c gegen Feder d so schwenken, daß der aus c austretende Ölstrahl stärker auf Bohrung 1 des Aufnehmers e trifft. Druckreglerkolben f hebt über Stift g die Membran B gegen Feder des Geschwindigkeitsreglers. Wie aus Abb. 112 hervorgeht, hat Heben der Membran Schließen der Steuerventile zur Folge. Dampfzufuhr wird verringert, bis sich der richtige Gegendruck wieder eingestellt hat. Bei plötzlichem Ausfall der Turbinenbelastung greift Geschwindigkeitsregler automatisch ein, indem Regelkreisel A höheren Öldruck liefert, Membran B anhebt und Steuerventile schließt (s. Abb. 112).

Abb. 119. **Stabfeder-Drehzahlregler** für Kleinturbinen (KKK). Anfahrvorgang: Dem Steuerzapfen 3 wird aus Leitung f durch Öffnen der Düsennadel 4 über Drosselbohrung e Drucköl zugeführt. Die Stabfeder 1 steht noch zentrisch und gibt dem exzentrischen Stabfederkopf 2 nur einen geringen Spalt a an Steuerschnauze zum Ölabfluß frei. Über Raum b und Leitung d kommt Drucköl in Raum c des Regelventiles und öffnet dieses gegen die Dampfkraft an Ventilkegel 6 und gegen die Ventilfeder 5. Turbine läuft an. Regelvorgang: Belastung sinkt, Drehzahl steigt, Stabfeder schlägt weiter aus. Durch den sich vergrößernden Sichelspalt zwischen Stabfederkopf und Steuerschnauze fließt mehr Öl ab, Öldruck sinkt, Ventil schließt, bis Gleichgewichtszustand erreicht ist. Auf Sicherheitsregler gegen Überdrehzahl wird hier wegen sicheren Ansprechens der Stabfeder verzichtet.

XV. Regelungseinzelheiten.

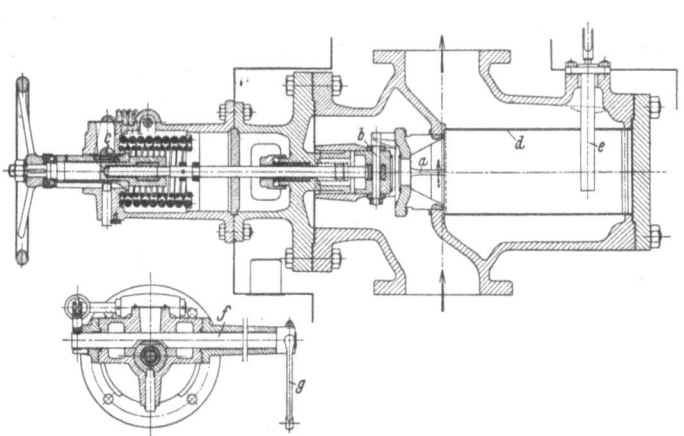

Abb. 120. **Hauptabsperr- und Schnellschlußventil (AEG).** a Hauptventil, b Vorhubventil, c Schnellschlußklinke, d Dampfsieb, e Frischdampfthermometer, f Drehwelle der Schnellschlußklinke, g Schnellschlußgestänge. Das Hauptventil ist als Tellerventil ausgebildet, das zur Erleichterung der Handbetätigung einen Vorhubkegel besitzt, durch den beim Anheben Druckausgleich vor und hinter dem Ventil hergestellt wird, so daß das Hauptventil ohne großen Kraftaufwand geöffnet werden kann. Die Mutter, in der durch die Handbetätigung das Ventil hochgeschraubt wird, ist bei gespannter Schließfeder durch eine Klinke festgehalten. Löst der Schnellschlußregler aus, so wird diese Klinke herausgeschlagen und die Schließfeder schlägt das Ventil zu.

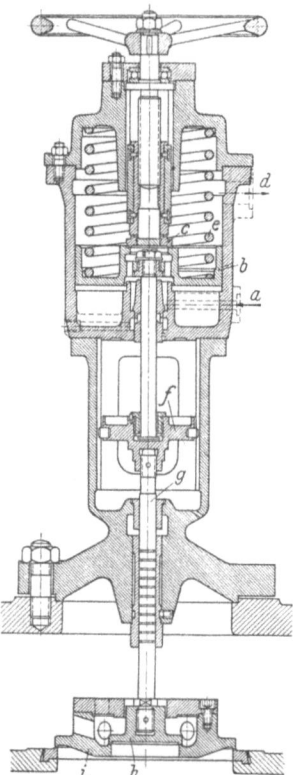

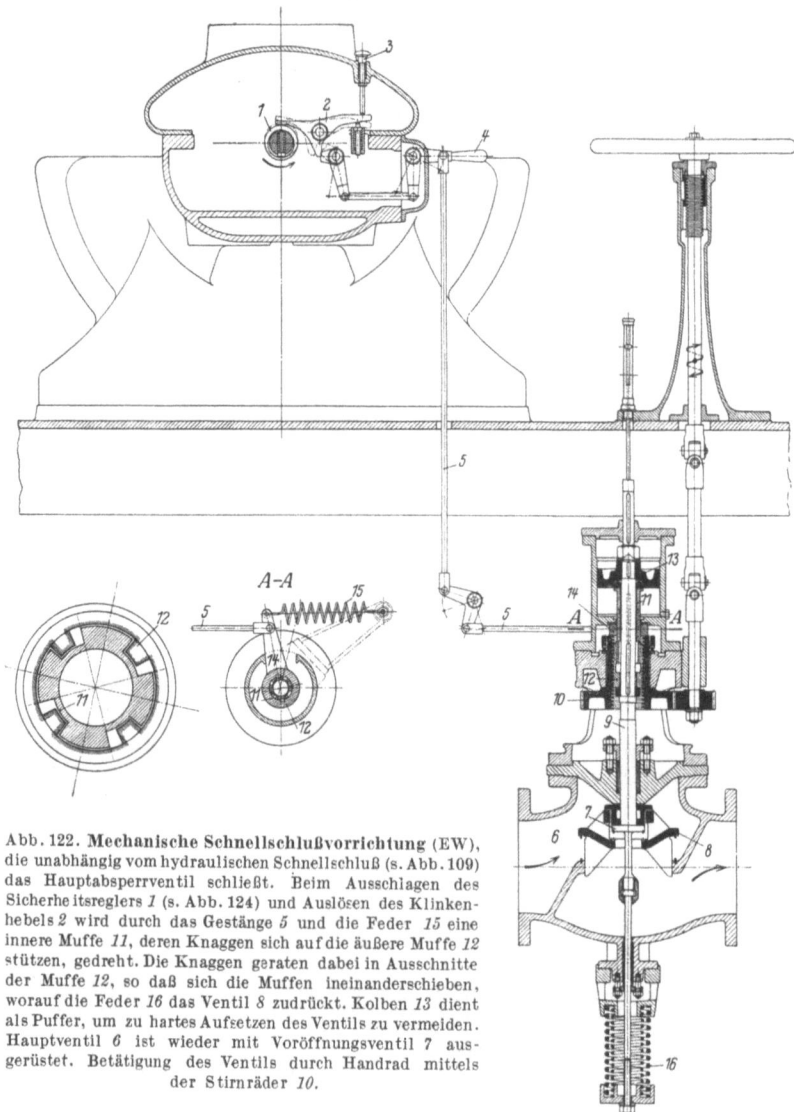

Abb. 121. **Hauptabsperr- und Schnellschlußventil (SSW).** Das bei a eintretende Drucköl wirkt von unten auf Kolben b. Beim Anfahren wird über Handrad und Spindel Ölventil c so langsam angehoben, daß Kolben b folgen kann. Wird c zu schnell angehoben, fließt Drucköl zwischen c und b hindurch zum Ölabfluß d und Feder e drückt Kolben b nach unten. Bei genügend langsamen Anheben von c und Folgen von b wird über Führungsstück f und Labyrinthspindel g Vorhubventil h geöffnet. Dadurch Druckentlastung und schließlich Öffnen des Hauptabsperrventiles i. Bei unzulässig niedrigem Öldruck unter b wird Anhubkraft kleiner als Hubwiderstand des Ventils, so daß Turbine nicht angefahren werden kann. Schnellschluß gibt Ölabfluß der Drucköllleitung frei, Öldruck unter b sinkt, Ventil schließt.

Abb. 122. **Mechanische Schnellschlußvorrichtung (EW)**, die unabhängig vom hydraulischen Schnellschluß (s. Abb. 109) das Hauptabsperrventil schließt. Beim Ausschlagen des Sicherheitsreglers 1 (s. Abb. 124) und Auslösen des Klinkenhebels 2 wird durch das Gestänge 5 und die Feder 15 eine innere Muffe 11, deren Knaggen sich auf die äußere Muffe 12 stützen, gedreht. Die Knaggen geraten dabei in Ausschnitte der Muffe 12, so daß sich die Muffen ineinanderschieben, worauf die Feder 16 das Ventil 8 zudrückt. Kolben 13 dient als Puffer, um zu hartes Aufsetzen des Ventils zu vermeiden. Hauptventil 6 ist wieder mit Voröffnungsventil 7 ausgerüstet. Betätigung des Ventils durch Handrad mittels der Stirnräder 10.

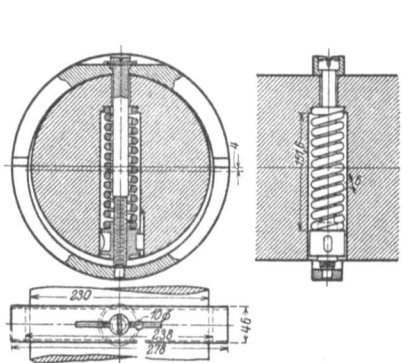

Abb. 124. Sicherheitsregler (EW) mit exzentrisch gelagertem Schwungring.

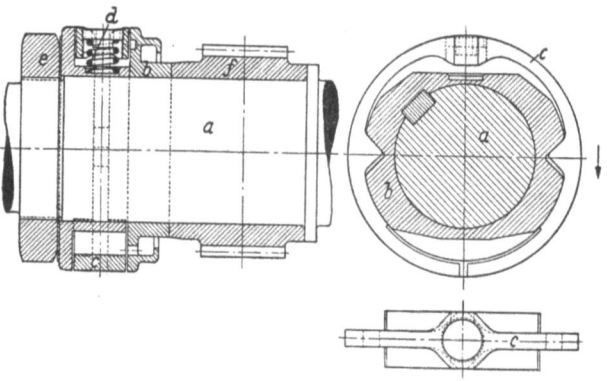

Abb. 123. **Schwungring-Schnellschlußregler (AEG).** a Turbinenwelle, b Büchse des Schnellschlußreglers, c Schwungring, d Spannfeder, e Wellenmutter, f Schnecke zum Antrieb des Drehzahlreglers und der Hauptölpumpe. Der Schwungring, dessen Schwerpunkt etwas außerhalb der Drehachse liegt, wird durch die Feder in seiner Lage gehalten. Bei einer bestimmten Überdrehzahl überwiegt die Fliehkraft des Ringes den Federdruck und der Ring „schlägt aus", wodurch die Schnellschlußvorrichtung betätigt wird.

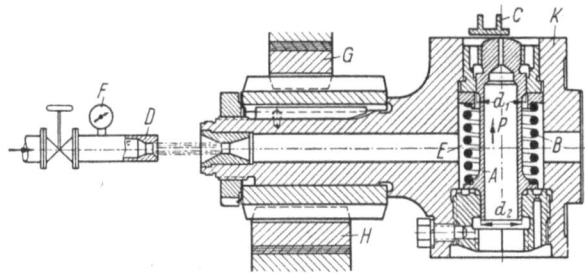

Abb. 125. **Schnellschlußregler** (BBC). Schnellschlußbolzen A durch Feder B exzentrisch gehalten. Bei Überschreiten der Grenzdrehzahl schlägt Bolzen gegen Federkraft so weit aus, daß er den Anschlag C trifft, wodurch der Schnellschluß ausgelöst wird. Vorrichtung zur Erprobung des Schnellschlusses ohne Erhöhung der Drehzahl durch Ölspritzdüse D, wodurch im Raum E Überdruck erzeugt wird. Da $d_1 > d_2$ ergibt der Druck eine Kraftwirkung P auf A im Sinne der Zentrifugalkraft. Anzeige des Manometers F läßt erkennen, ob Schnellschluß richtig anspricht. G Antrieb des Drehzahlreglers; H Antrieb der Ölpumpe; K Flansch zum Anschluß an Turbinenwelle.

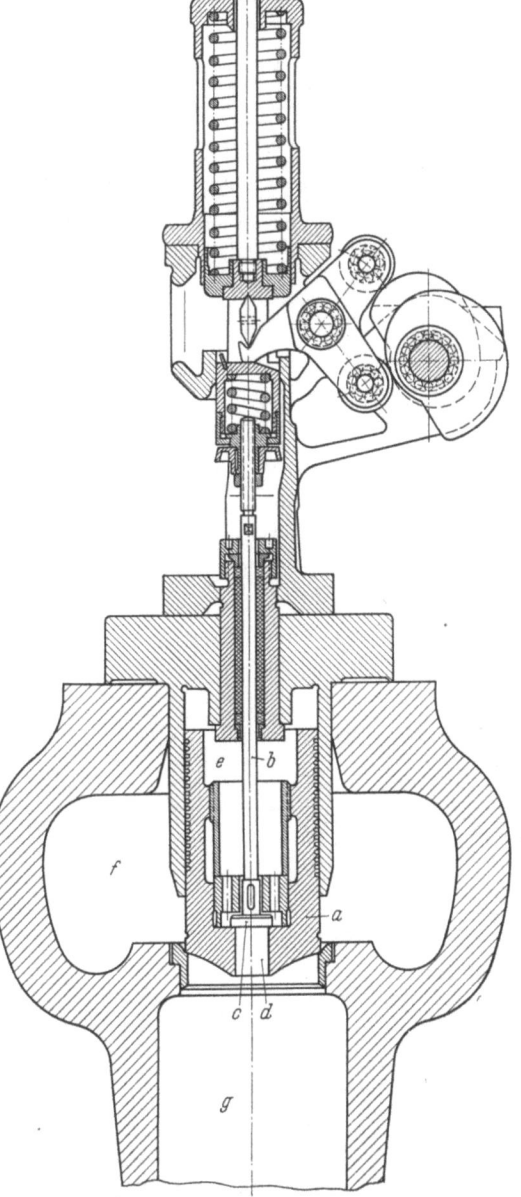

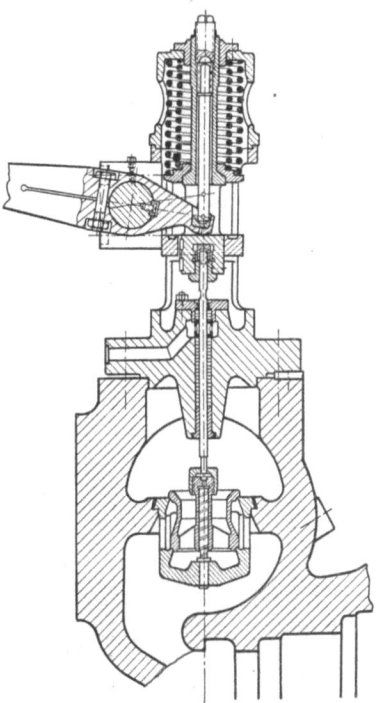

Abb. 127. **Düsengruppenventil** (SSW). Verstellung des Doppelsitz-Rohrventiles erfolgt durch Kraftkolben (s. Abb. 112, 118, 116) über Hebel. Der Dampf strömt aus dem oberen Raum über die Fenster, die zwischen den Ventilsitzen im Ventilkäfig sind, in den unteren Raum und weiter zu den Düsen.

Abb. 126. **Steuerventil (Düsengruppenventil) einer Hochdruckturbine** (AEG). Entlastetes Einsitzventil. Ventilkörper a ist als zylindrischer Hohlkörper mit Labyrinthen am Umfang ausgebildet. Bei Öffnen des Ventils wird über Spindel b zuerst das mit dieser aus einem Stück herausgearbeitete Vorhubventil c angehoben und gibt über Bohrung d im Boden des Hauptventils a den Dampfaustritt aus dem Raum e oberhalb des Hauptventils frei. Ein schnelles Nachströmen von Frischdampf aus dem Raum f in den Raum e wird durch die Labyrinthe am Umfang von a verhindert, so daß sich in den Räumen e und g annähernder Druckausgleich und damit Druckentlastung des Hauptventils a ergibt, das nun mit geringem Kraftaufwand angehoben werden kann (s. Abb. 150 u. 154A).

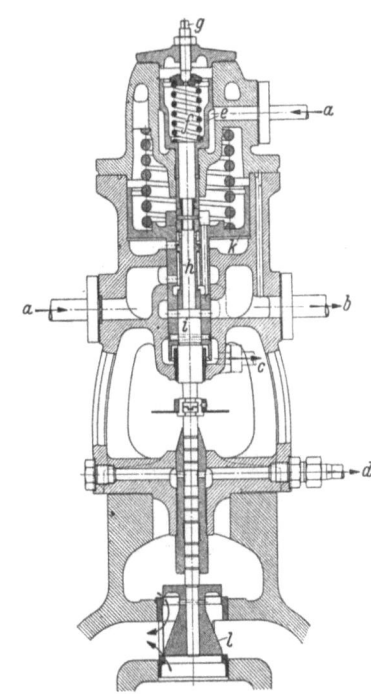

Abb. 128. **Ölgesteuertes Düsenventil mit Vorsteuerung** (BBC). a Ölzufluß, b Ölabfluß, c Lecköl, d Leckdampf. Der Vorsteuerkolben e, der durch die mittels der Schraube g auf einen bestimmten Öldruck genau einstellbare Feder f belastet ist, wird bei entsprechendem Öldruck gehoben und zieht die Steuerhülse h nach oben, wodurch der Druckölzutritt zum Hauptsteuerkolben k frei wird. Der Hauptsteuerkolben ist durch seinen Schaft fest mit der Ventilspindel i verbunden und öffnet das Dampfventil l, sobald das Öl unter den Hauptsteuerkolben gelangt.

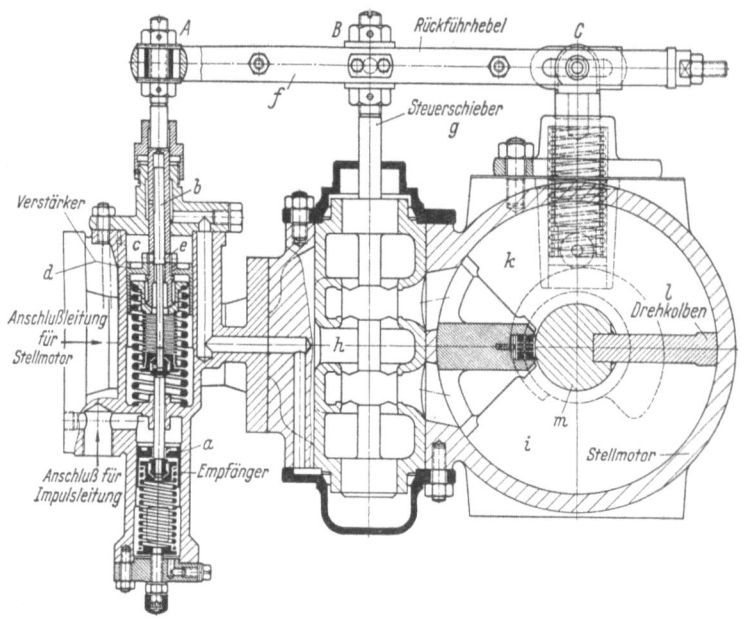

Abb. 129. **Vorsteuereinrichtung mit Verstärker und Drehkraftgetriebe (AEG).** Man beachte, wie die in Abb. 111b nur schematisch dargestellten Regelungs-Einzelteile (dort *6* bis *10*, hier *a* bis *m* bezeichnet) konstruktiv ausgebildet und zu einem „Regelgerät" zusammengebaut sind. Beispiel für Arbeitsweise: In der Impulsleitung steigt der vom Drehzahlregler eingestellte Öldruck und drückt den Empfängerkolben *a* gegen die Federkraft nach unten, wodurch auch Drosselstift *b* durch Federkraft abwärts gedrückt wird und mit seiner Steuerkante den Austritt des Drucköles aus dem Raum *c* oberhalb des Kraftkolbens *d* über die Abflußfenster *e* verringert, wodurch der Druck in *c* ansteigt und *d* gegen Federkraft nach unten gedrückt wird. Diese Abwärtsbewegung wird über Hebel *f* auf Steuerschieber *g* übertragen. Punkte *A* und *B* gehen nach unten, Punkt *C* ist Drehpunkt. Kraftöl tritt aus Raum *h* über unteren Steuerschieber in Raum *i* des Drehkraftgetriebes, wodurch Drehkolben *l* sich entgegen dem Uhrzeigersinn bewegt und das Öl aus Raum *k* über den oberen Steuerschieber hinausdrückt. Über die Nockenwelle *m* wird diese Bewegung auf die Düsengruppenventile übertragen. Rückführung über Nocken. Punkte *C* und *B* gehen nach oben; Punkt *A* ist nun Drehpunkt. Dadurch wird die von *A* zuerst eingeleitete Abwärtsbewegung des Punktes *B* durch die Aufwärtsbewegung von *C* wieder rückgängig gemacht, wodurch dann Drehkolben *l* gehemmt bezw. u. U. zurückgedreht wird.

XVI. Kleinturbinen.

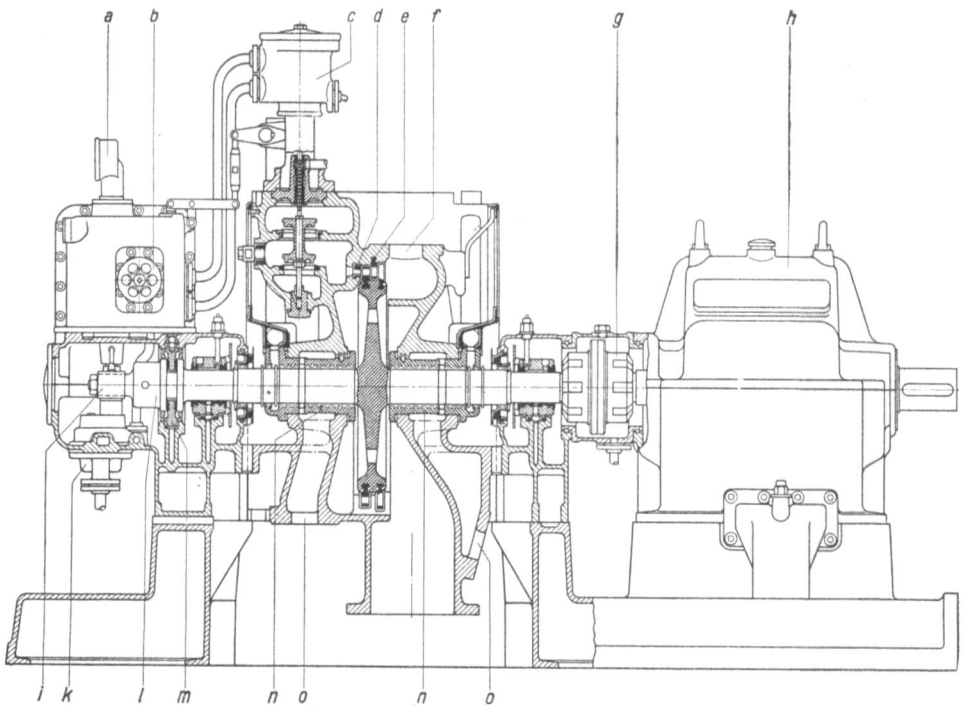

Abb. 130. **Schnellaufende einstufige Kleinturbine (SSW)** als Gleichdruckturbine mit einem Curtisrad ausgeführt, für Leistungen von 300—1200 kW und Drehzahlen von 5000—7000 U/Min. Düsen-Drosselregelung. *a* Drehzahlanzeiger, *b* Drehzahlverstellvorrichtung, *c* Steuerzylinder, *d* Düsen, *e* Umlenkschaufeln, *f* Flansch für Sicherheits- und Entlüftungsventil, *g* Kupplung, *h* Getriebe, *i* Antrieb für Regler und Ölpumpe, *k* Zahnradölpumpe, *l* Schnellschluß, *m* Block-Drucklager, *n* Labyrinthstopfbüchse. *o* Stopfbüchsenabdampf (ältere Ausführung).

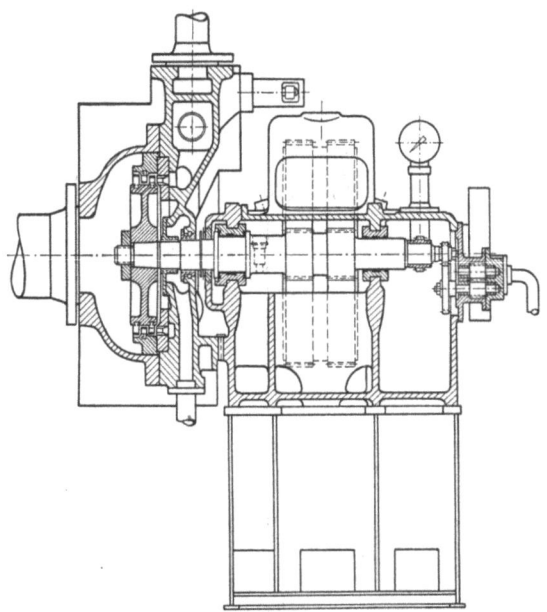

Abb. 131. **Schnellaufende Getriebeturbine** (SSW). Verwendung als Hilfsturbine oder für Pumpenantriebe bis 400 PS. Curtisrad mit 400 mm Durchmesser. Man beachte die fliegende Läuferanordnung sowie die axiale Dampfabführung. Damit ist eine Außenstopfbüchse erspart.

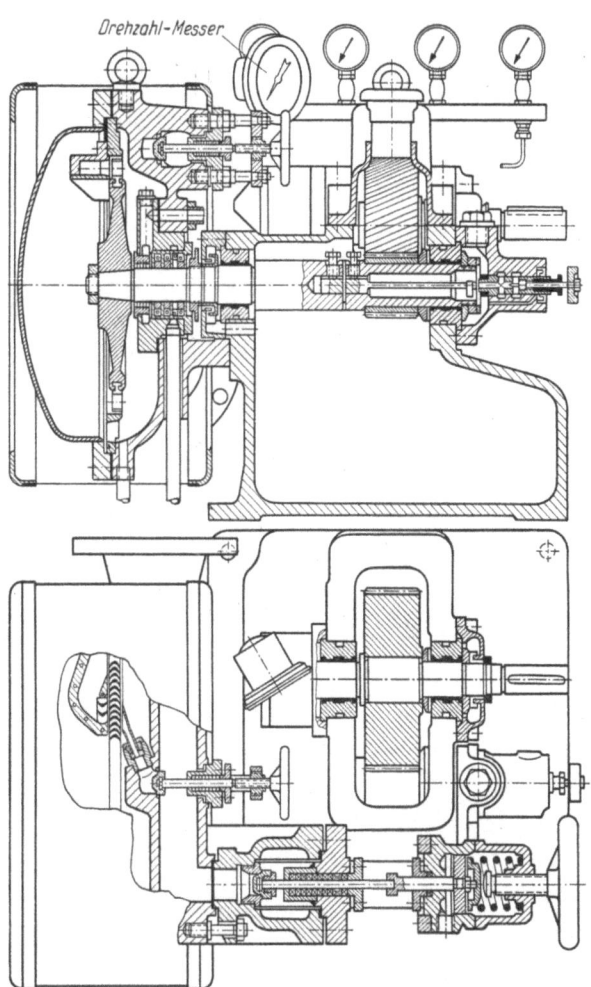

Abb. 132. **Schnellaufende Kleinturbine** (KKK). Turbine, Getriebe und Ölbehälter in einer Einheit zusammengefaßt. Einkränziges fliegend angeordnetes Gleichdruckrad mit Umlenkkammer, bei deren Eintritt Umlenkschaufeln eingebaut sind und die den Dampf zu zweiter Geschwindigkeitsstufe im gleichen Schaufelkranz führt. Drehzahlregelung mittels Stabfeder-Reglers (s. Abb. 119), der zugleich als Schnellschlußregler dient.

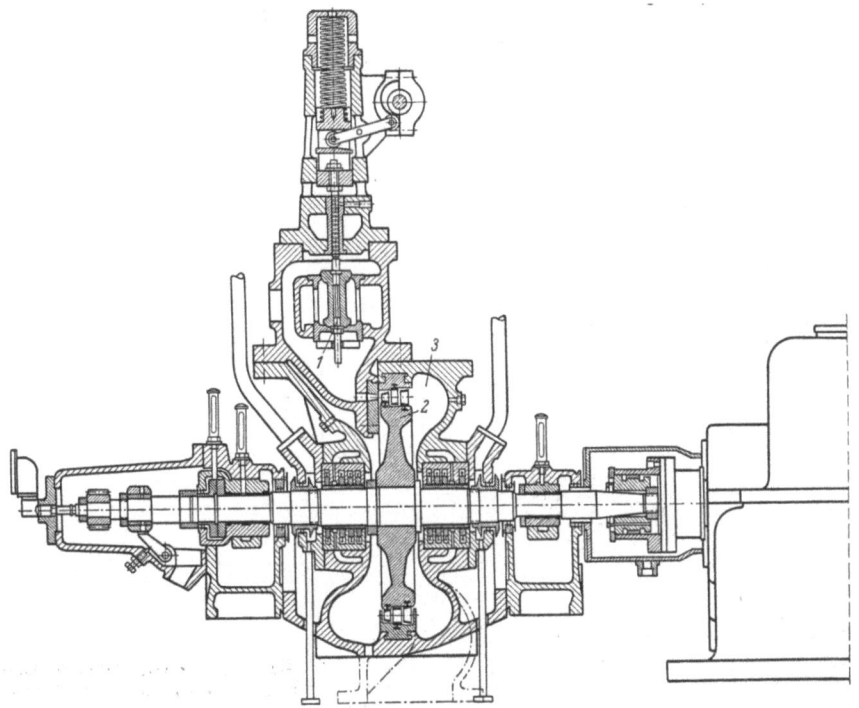

1 = Frischdampfzuführung,
2 = Zweikränziges Curtisrad,
3 = Abdampfstutzen ins Verbrauchernetz.

Abb. 133. **Hilfsturbine** (MAN) als schnellaufende Gegendruckturbine für 825 kW, 8600 U/min, 15 ata, 250° C. Turbine besteht nur aus einem Curtisrad. Eingehängter Düsenkasten mit Gehäuse verschraubt. Umlenkleitrad in Gehäuse befestigt. Einhüllung der Laufschaufelung im nichtbeaufschlagten Teil.

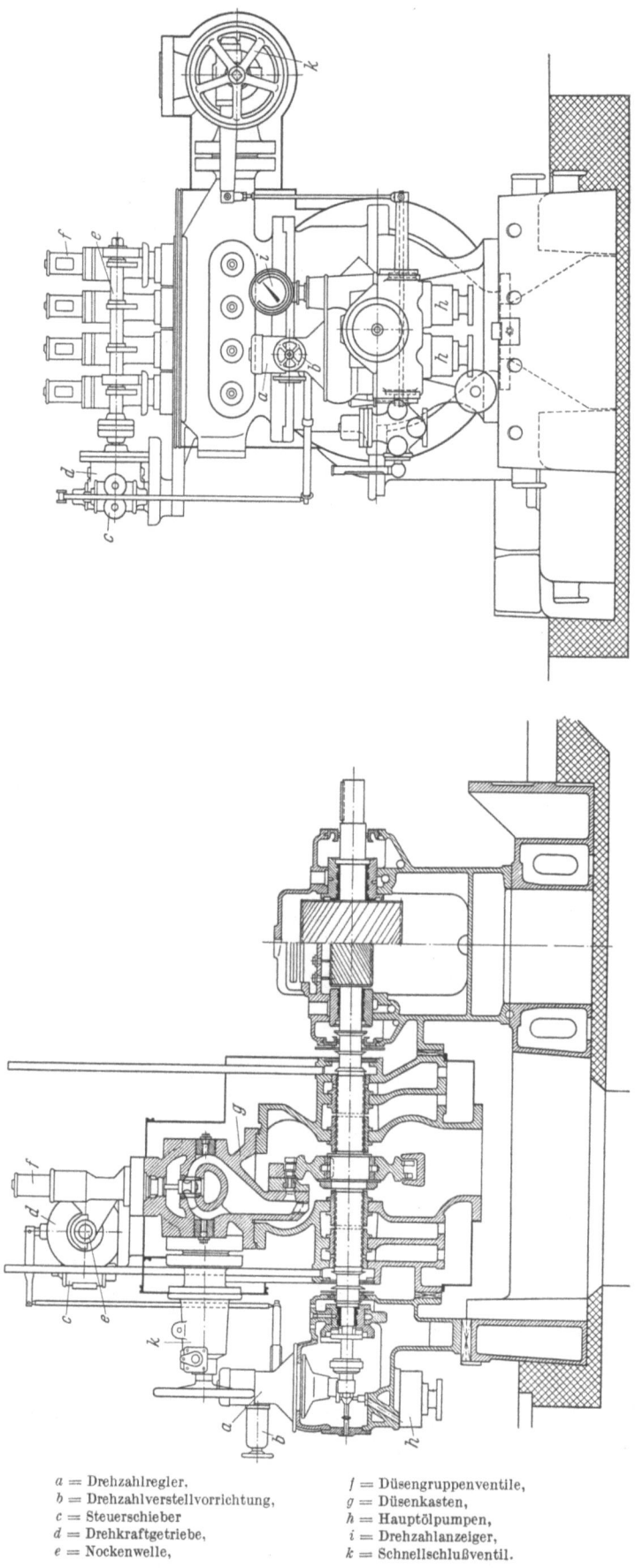

a = Drehzahlregler,
b = Drehzahlverstellvorrichtung,
c = Steuerschieber
d = Drehkraftgetriebe,
e = Nockenwelle,
f = Düsengruppenventile,
g = Düsenkasten,
h = Hauptölpumpen,
i = Drehzahlanzeiger,
k = Schnellschlußventil.

Abb. 134. **Schnellaufende Kleinturbine (AEG).** 1000 kW; 7500/2950 U/min; Frischdampf 80 ata, 510° C; Gegendruck 16 ata. Unbeaufschlagter Teil des zweikränzigen Curtis-Rades zur Verringerung von Ventilationsverlusten eingehüllt, Düsengruppensteuerung mit sehr geringer Drosselwirkung durch Aufteilung der kleinen Dampfmenge auf 4 Düsengruppenventile.

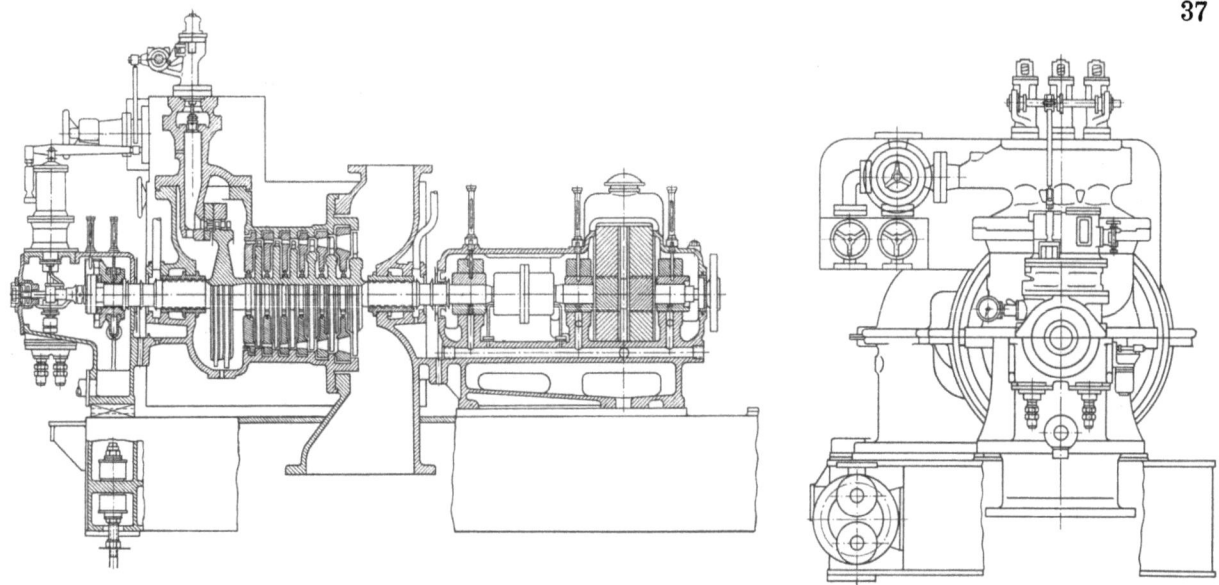

Abb. 135. Schnellaufende Kondensationsturbine kleiner Leistung (AEG) zum Antrieb eines Bordgenerators. 500 kW; 8500/1800 U/min. Frischdampf 42 ata; 450° C. Zur Erzielung guten Wirkungsgrades mehrstufige Ausführung und Düsengruppensteuerung.

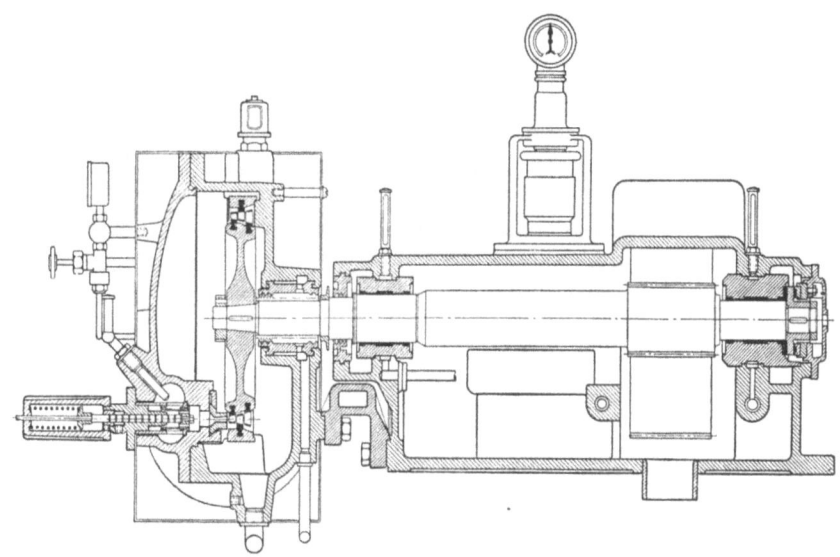

Abb. 136. Kleinturbine (Borsig) für Leistungen bis 500 kW. Das freifliegende zweikränzige Gleichdruckrad sitzt auf der verlängerten Ritzelwelle des Getriebes. Turbinengehäuse an Getriebegehäuse angeflanscht. Dampfzuführung in einteiligem Gehäusedeckel.

XVII. Kondensationsturbinen mittlerer und großer Leistung.

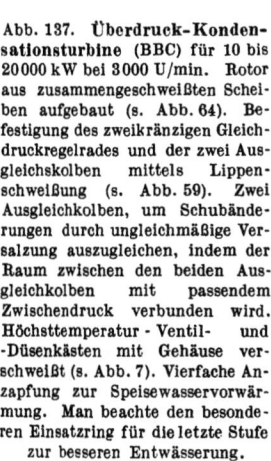
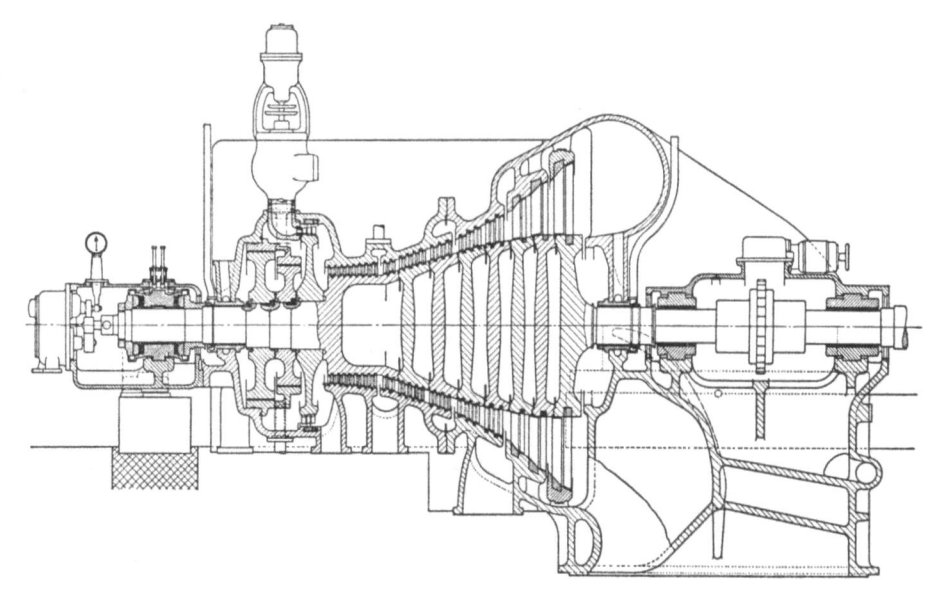

Abb. 137. Überdruck-Kondensationsturbine (BBC) für 10 bis 20000 kW bei 3000 U/min. Rotor aus zusammengeschweißten Scheiben aufgebaut (s. Abb. 64). Befestigung des zweikränzigen Gleichdruckregelrades und der zwei Ausgleichkolben mittels Lippenschweißung (s. Abb. 59). Zwei Ausgleichkolben, um Schubänderungen durch ungleichmäßige Versalzung auszugleichen, indem der Raum zwischen den beiden Ausgleichkolben mit passendem Zwischendruck verbunden wird. Höchsttemperatur - Ventil- und -Düsenkästen mit Gehäuse verschweißt (s. Abb. 7). Vierfache Anzapfung zur Speisewasservorwärmung. Man beachte den besonderen Einsatzring für die letzte Stufe zur besseren Entwässerung.

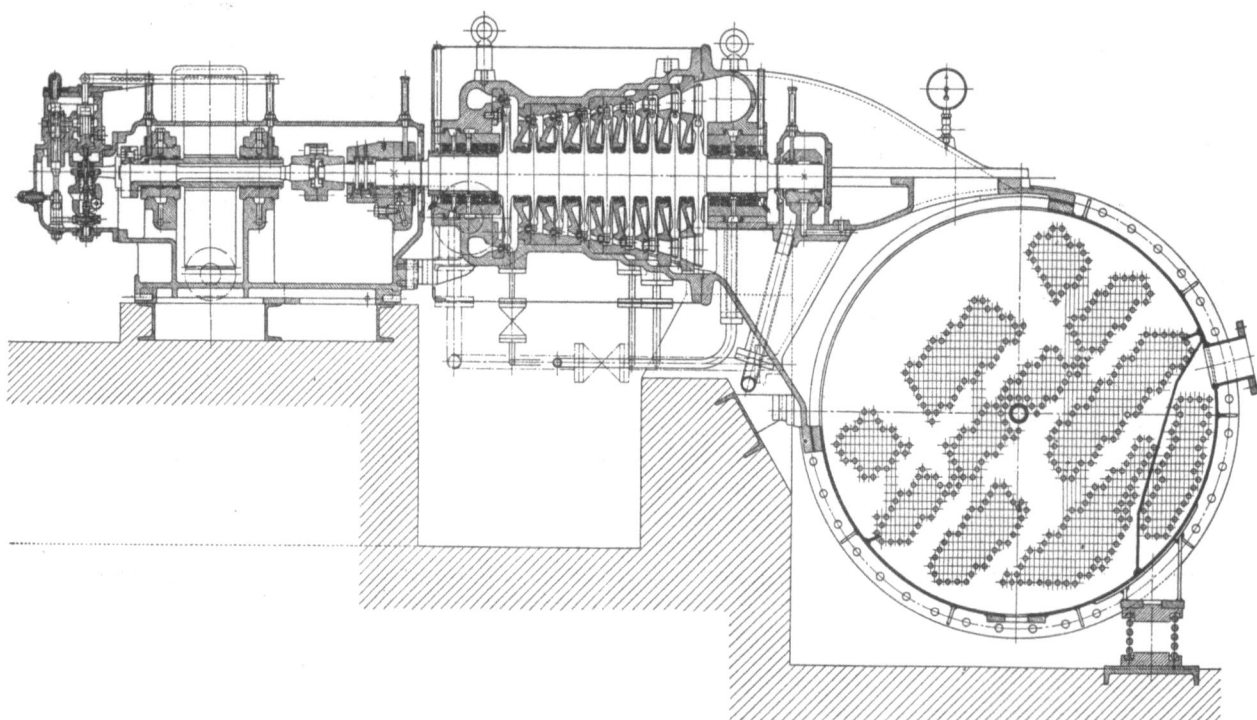

Abb. 138. **Schnellaufende Kondensationsturbine mittlerer Leistung (EW).** Man beachte die Anordnung des Kondensators der durch den strömungstechnisch günstig ausgeführten Abdampfstutzen direkt, ohne wesentliche Umlenkung, und fest mit der Turbine verbunden ist, so daß fast keine Druckverluste auftreten können. Weiterer Vorteil der Anordnung: Keine Unterkellerung notwendig. Kraftableitung (Getriebe) vorn angeordnet zwischen Reglerantrieb und Kammlager; Scheibenläufer mit 1-A-Regelrad aus dem Vollen; Kohlelabyrinthe für Stopfbüchsen und Leiträder (s. Abb. 50 und 78); Lagerschalen mit zwei Laufschalen und dazwischen liegendem Ölabfluß (s. Abb. 88), vordere Gehäuseauflagerung auf Pratzen, die aus dem unteren Gehäuseflansch gerade vorstehen und sich auf dem Lagerbock zu beiden Seiten des Lagers stützen.

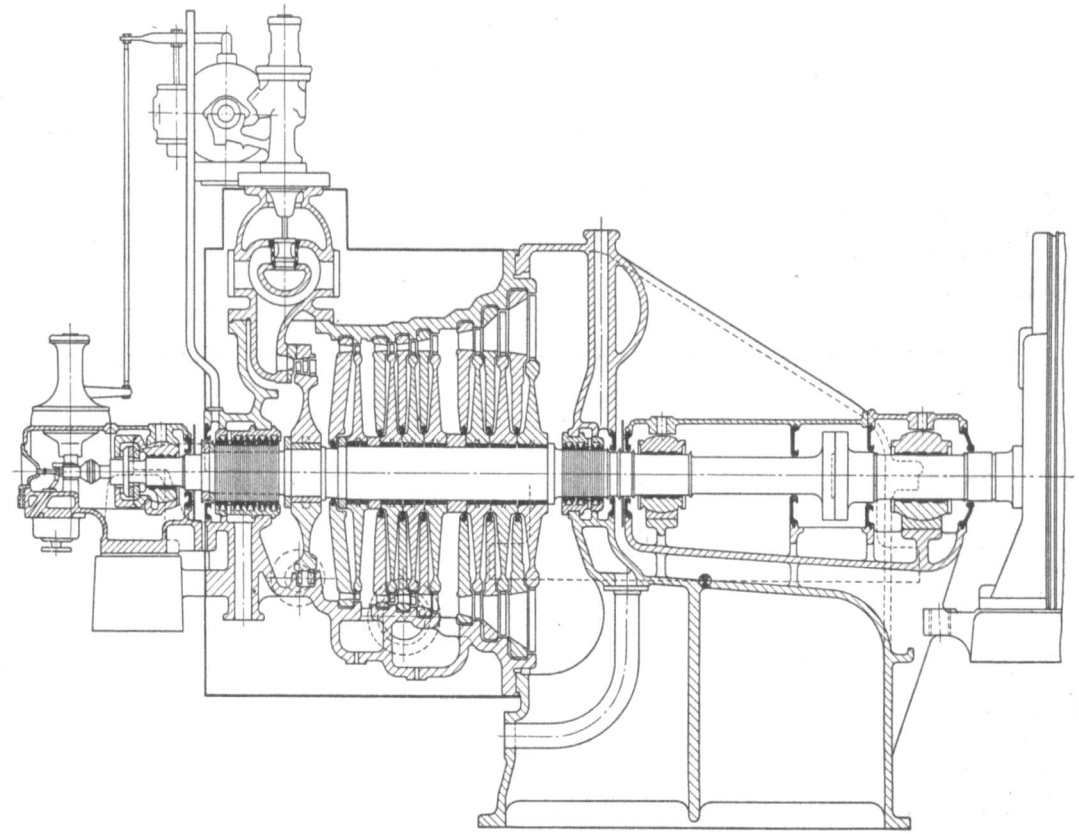

Abb. 139. **Gleichdruck-Kondensationsturbine (AEG) ältere Ausführung.** $N_{el} = 25000$ kW, $n = 3000$ U/Min. Curtisrad und sieben Scheibenstufen mit ansteigendem Durchmesser; Düsenventile sitzen auf dem Gehäuse; Curtisrad an dem nicht beaufschlagten Teil des Umfanges eingehüllt, um Ventilationsverluste zu vermindern; Anzapfung nach der zweiten und fünften Stufe; Labyrinthstopfbüchse, Einringdrucklager. Gehäusebefestigung vorn mit bis zur Wellenmitte hochgezogenen Pratzen auf dem Lagerbock (s. Abb. 100), hinten Abstützung des Abdampfstutzens auf dem Grundrahmen mit seitlichen Füßen (die Auflagerung ist eingestrichelt). ⊖ Festpunkt an der hinteren Abstützung, während das Gehäusevorderteil mit dem vorderen Lagerbock den Wärmedehnungen durch Gleiten auf dem Grundrahmen nachgeben kann.

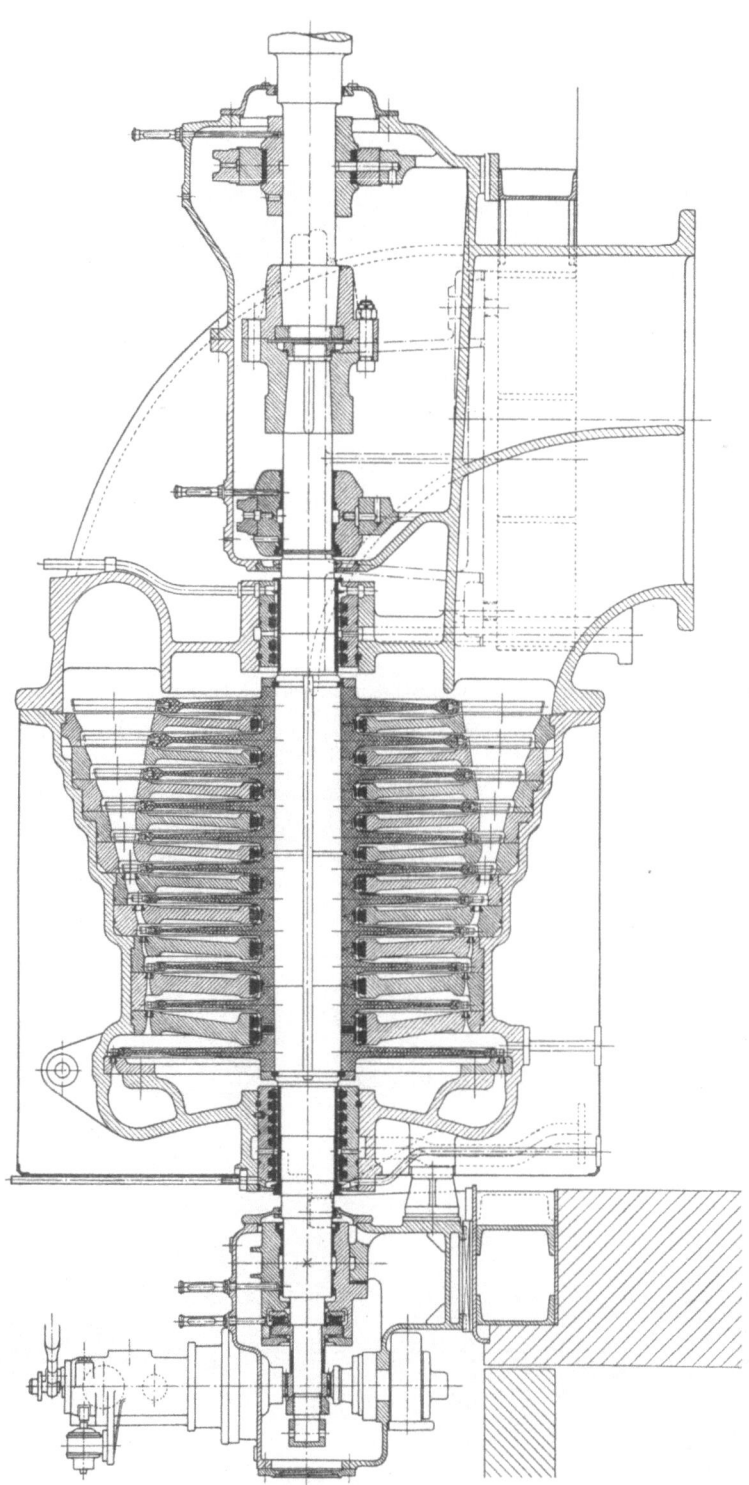

Abb. 140. **Gleichdruck-Kondensationsturbine** (EW) für Leistungen von 6000 bis 25000 kW bei 3000 U/min. Einkränziges Regelrad mit Düsen-Drosselregelung. Radscheibenbefestigung gemäß Abb. 58, Außenstopfbüchse gemäß Abb. 78, Nabenabdichtung gemäß Abb. 50, Zwischenböden im Gehäuse gemäß Abb. 17, Ausführung des Abdampfstutzens analog Abb. 99, Lager gemäß Abb. 88.

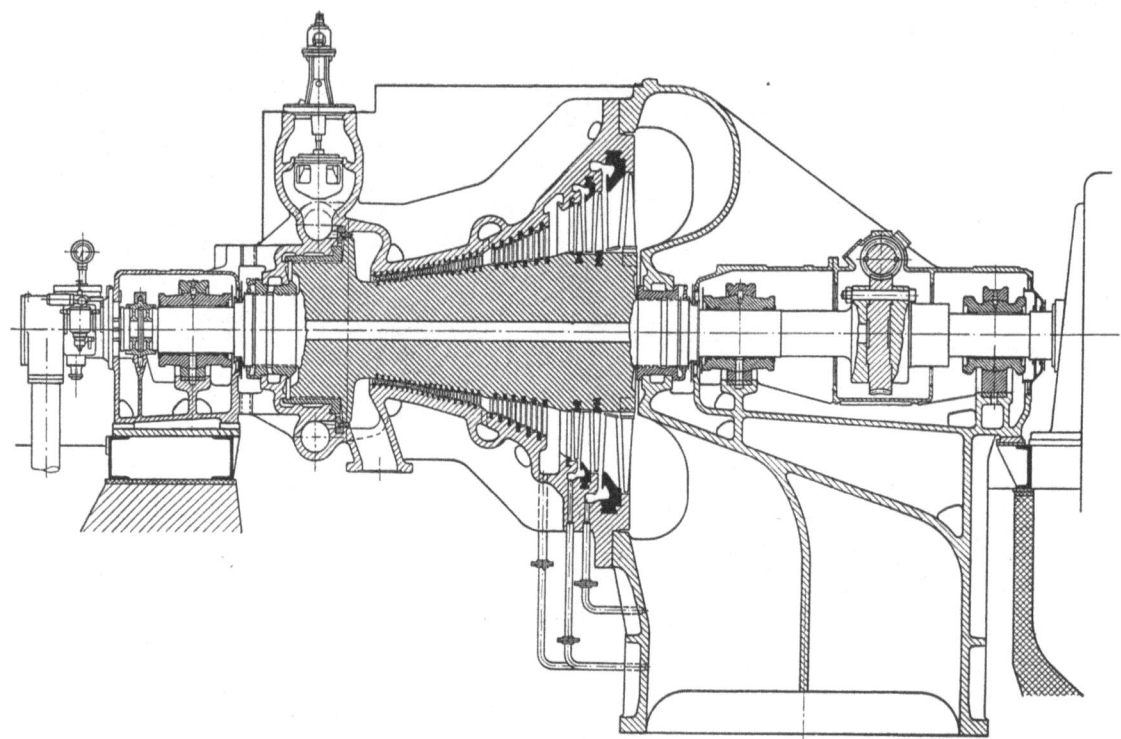

Abb. 141. **Überdruck-Kondensationsturbine** (SSW) mit einflutigem Niederdruckteil für Leistungen bis ca. 35000 kW bei 3000 U/min. Einkränziges Gleichdruckregelrad, zwei ungesteuerte Anzapfungen für Speisewasservorwärmung, Außenstopfbüchsen gemäß Abb. 68. Man beachte die Befestigung der langen verwundenen und nach Breite und Dicke verjüngten Niederdruckschaufeln insbesondere der letzten Stufe (vgl. Abb. 28), wobei die Schaufeln mit Tannenzapfenfuß axial eingeschoben sind (s. Abb. 36). Dreistufige Entwässerung über Auffangräume (wie Abb. 28) hinter Laufradschaufeln und Leitungen mit Blenden zum Abdampfstutzen.

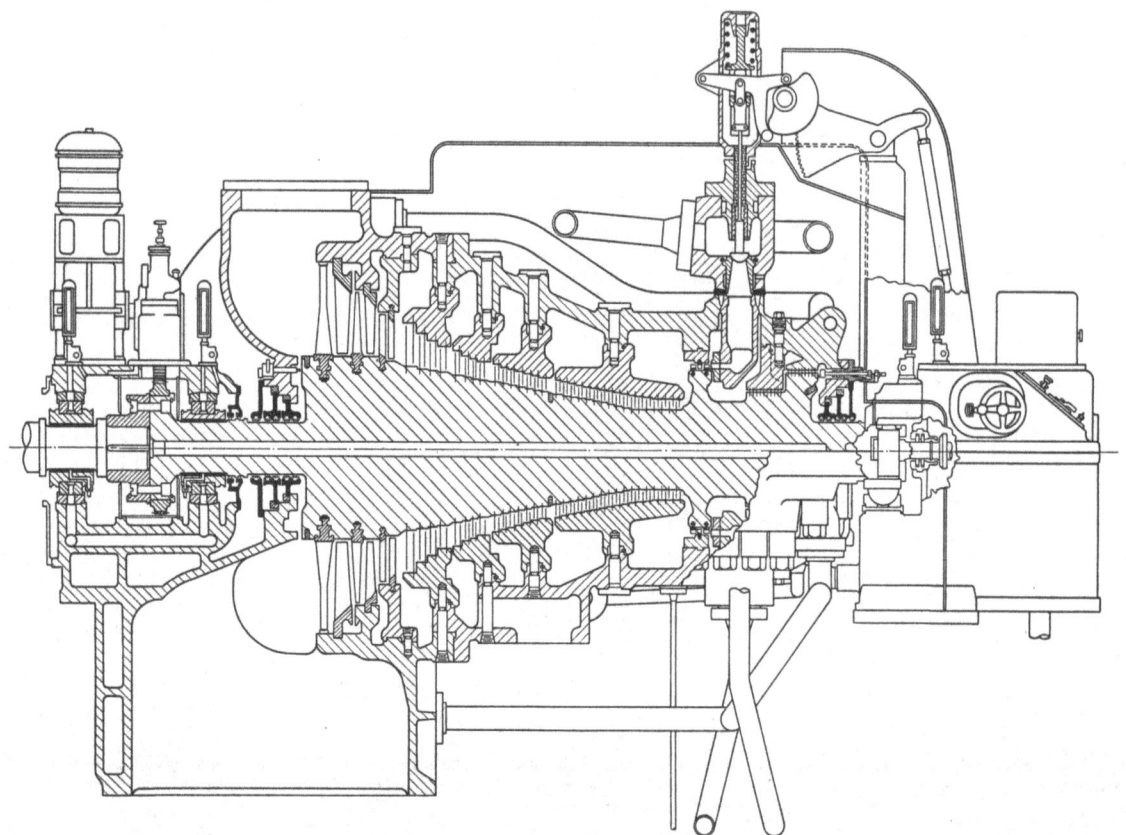

Abb. 142. **Eingehäusige einflutige Überdruck-Kondensationsturbine** (Allis Chalmers) für 20000 kW bei 3600 U/min. Einsatz-Leitschaufelträger durch Radialbolzen gehalten; zweistufiger Ausgleichkolben. Eingeschweißter Düsenkasten aus hochtemperaturfestem Werkstoff (austenitischer Stahl) und aufgeschweißtes Ventilgehäuse (vgl. Abb. 159). Wellendehnungsmesser am äußeren Ausgleichkolben und am Niederdruckende. Feststehender Dichtungsträger des ersten Ausgleichkolbens durch Radialbolzen gehalten. Verjüngung der Laufschaufeln in den letzten zwei Stufen, wobei in der letzten Stufe eine Breitenverjüngung nur in der inneren Hälfte der Laufschaufelhöhe erfolgt. Man beachte ferner die Einsitzdiffusorventile (s. Abb. 165) und den Zwangschluß der Ventilnockensteuerung, sowie den Antrieb der Nockenwelle über ein Gestänge mit einem Zahnkranzhebel von einem tiefliegenden Servomotor aus.

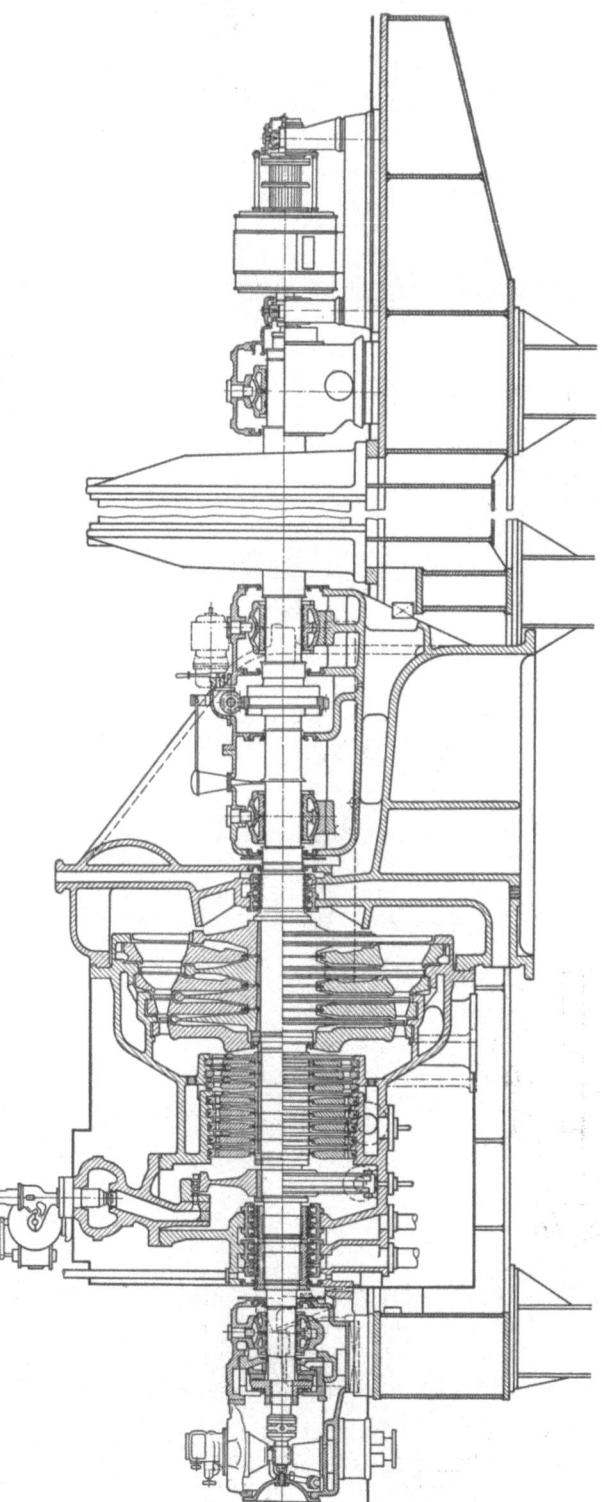

Abb. 143. **Eingehäusige Kondensationsturbine (AEG).** 25000 kW; 3000 U/min; Frischdampf 65 ata; 450° C; Kondensatordruck 0,035 ata. Düsengruppenventile gem. Abb. 126. Eingehängter Düsenkasten zur Temperaturentlastung des Gehäuses. Die Zwischenböden des MD-Teiles sind in einem Innenzylinder gehalten, der durch Rippen gegen das Turbinengehäuse abgestützt ist. Entwässerung der letzten Stufen.

Gehäusebefestigung vorne mit bis zur Wellenmitte hochgezogenen Pratzen auf dem Lagerbock, hinten Abstützung des Abdampfstutzens auf dem Grundrahmen mit seitlichen Füßen. Festpunkt an der hinteren Abstützung, während das Gehäusevorderteil mit dem vorderen Lagerbock den Wärmedehnungen durch Gleiten auf dem Grundrahmen nachgeben kann.

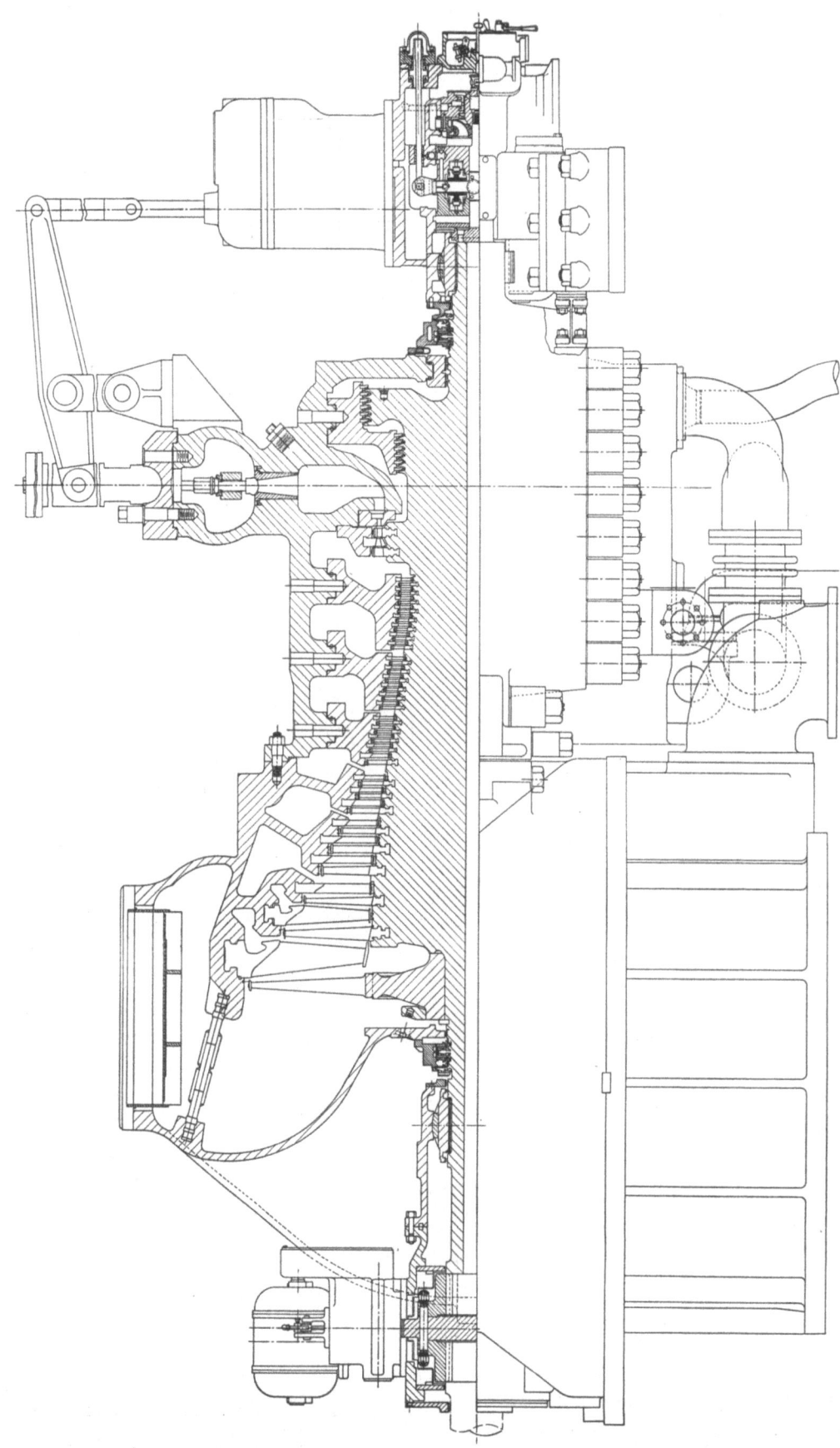

Abb. 144. **Überdruck-Kondensationsturbine** (Westinghouse). Frischdampf 60 ata, 500° C. Größte Ausführung von Westinghouse in Eingehäusebauart mit 30000 kW bei 3600 U/min. Man beachte die durch Radialbolzen gehaltenen Leitschaufelträger in den ersten Gruppen; um die Temperaturempfindlichkeit zu verringern und kleinere Radialspiele zu ermöglichen; den zweistufigen Ausgleichkolben, die Entwässerung und Schaufelbefestigung in den letzten Stufen (vgl. Abb. 28), die besondere Laufradscheibe der letzten Stufe mit axial eingeschobenen Laufschaufeln gemäß Abb. 28, die Unterstützung des Gehäuses und die Verstrebung im Abdampfstutzen. Die Einsitz-Düsengruppenventile (s. Abb. 165) werden nacheinander durch eine Traverse angehoben, die unter den Bund der Ventilspindeln greift. Verstellung der Traverse erfolgt über Regelgestänge.

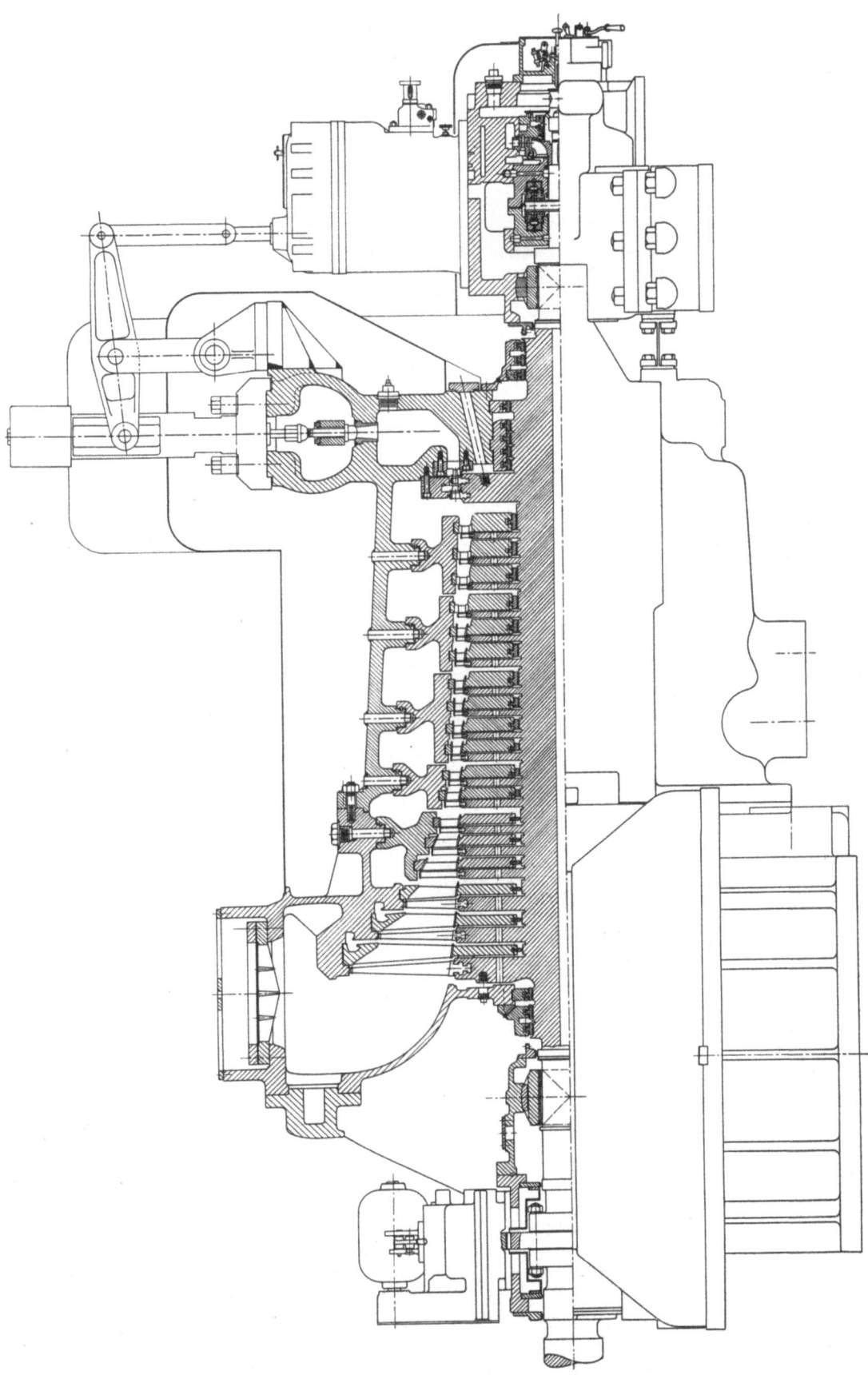

Abb. 145. **Gleichdruck-Kondensationsturbine** (Westinghouse). Frischdampf 60 ata, 500° C; 30000 kW bei 3600 U/min. Einstückläufer (vgl. Abb. 31 u. Abb. 57). Bezüglich Nabendichtung s. Abb. 49. Man beachte die mit sinkendem Stufendruck abnehmende axiale Ausdehnung der Innenstopfbüchsen und Verringerung der Zahl der Dichtungsspitzen, ferner die Einsatzkörper zur Befestigung der Zwischenböden (vgl. Abb. 144). Auch hier Verjüngung der drei letzten Laufschaufelreihen. Betätigung der Düsengruppenventile wie bei Abb. 144.

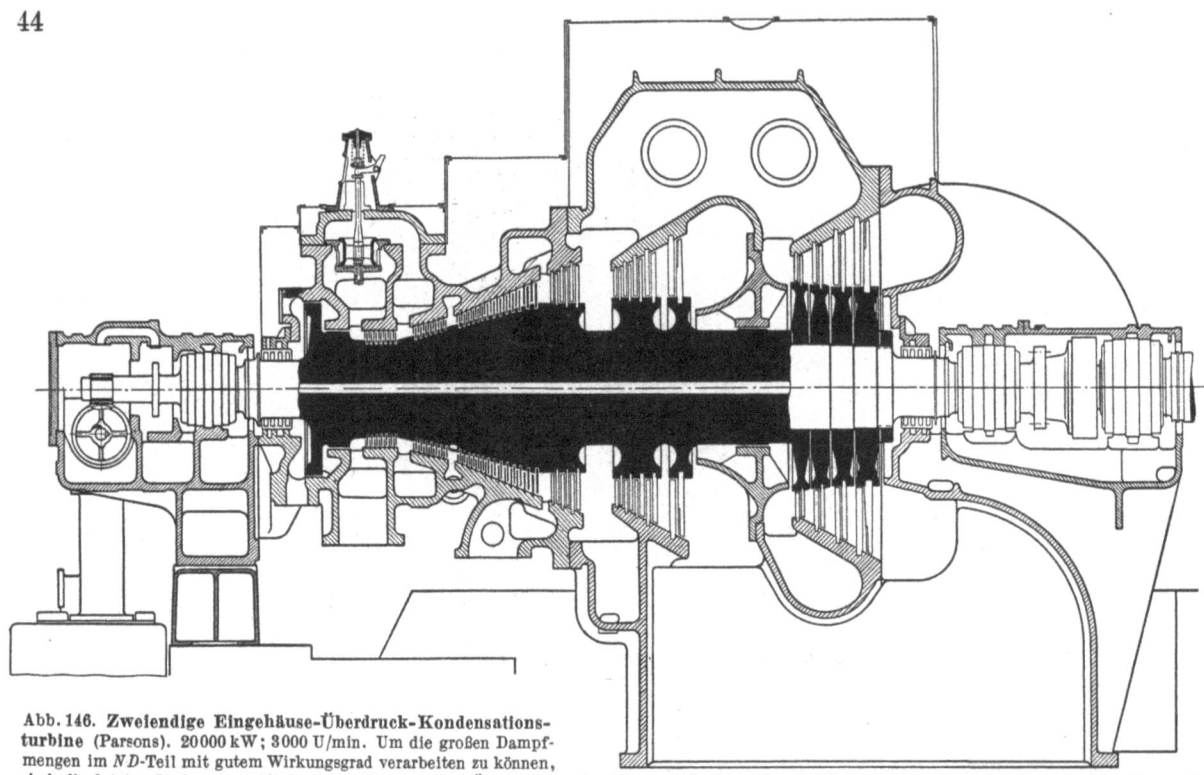

Abb. 146. **Zweiendige Eingehäuse-Überdruck-Kondensationsturbine** (Parsons). 20000 kW; 3000 U/min. Um die großen Dampfmengen im ND-Teil mit gutem Wirkungsgrad verarbeiten zu können, sind die letzten Stufen doppelflutig ausgeführt. Reine Überdruckbeschaufelung. Massiver Trommelläufer mit aufgesetzten Radscheiben für zweite ND-Schaufelgruppe, um größere Umfangsgeschwindigkeit anwenden zu können. Dadurch dem zweiten Enddurchfluß größere Dampfmengen und damit ein größerer Leistungsanteil gegeben gegenüber dem ersten Enddurchfluß. Frischdampf- und Überlastventile (Drosselventile) bei neuerer Ausführung von Parsons in getrenntem Düsenkasten neben der Turbine angeordnet (hier noch Überlastventil auf dem Turbinengehäuse). Mehrfache Anzapfung zur Speisewasservorwärmung. Zweistufiger Ausgleichkolben. Großer Axialschub wegen gleichsinniger Strömung in der gesamten Schaufelung. Axialschub kann herabgesetzt werden, wenn die beiden ND-Flüsse entgegengesetzt durchströmt werden, so daß sich ihr Axialschub ausgleicht. Bei auseinander gerichteter Strömung meist 2 Kondensatoren, bei gegeneinander gerichteter Strömung (s. Abb. 147) ein Kondensator (kleinere Baulänge).

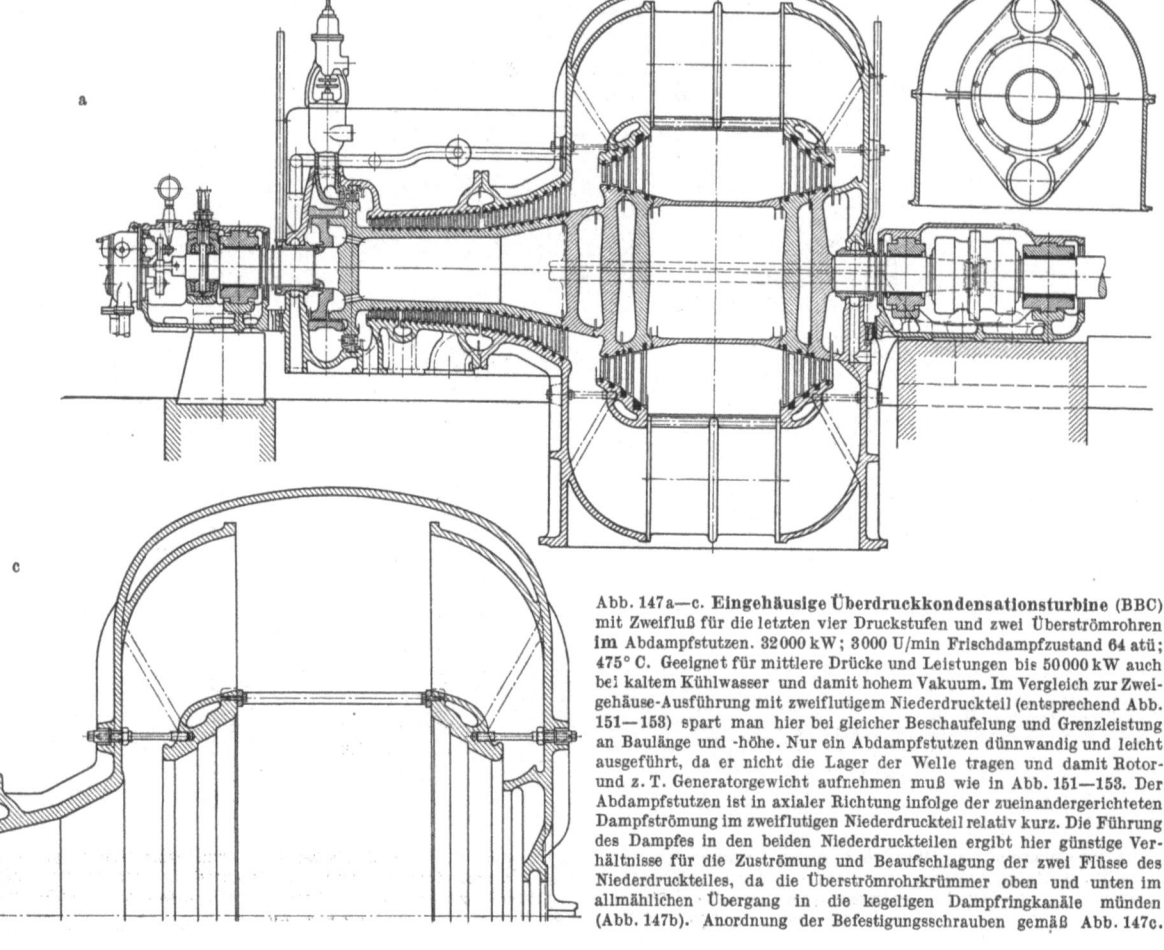

Abb. 147a—c. **Eingehäusige Überdruckkondensationsturbine** (BBC) mit Zweifluß für die letzten vier Druckstufen und zwei Überströmrohren im Abdampfstutzen. 32000 kW; 3000 U/min Frischdampfzustand 64 atü; 475° C. Geeignet für mittlere Drücke und Leistungen bis 50000 kW auch bei kaltem Kühlwasser und damit hohem Vakuum. Im Vergleich zur Zweigehäuse-Ausführung mit zweiflutigem Niederdruckteil (entsprechend Abb. 151—153) spart man hier bei gleicher Beschaufelung und Grenzleistung an Baulänge und -höhe. Nur ein Abdampfstutzen dünnwandig und leicht ausgeführt, da er nicht die Lager der Welle tragen und damit Rotor- und z. T. Generatorgewicht aufnehmen muß wie in Abb. 151—153. Der Abdampfstutzen ist in axialer Richtung infolge der zueinandergerichteten Dampfströmung im zweiflutigen Niederdruckteil relativ kurz. Die Führung des Dampfes in den beiden Niederdruckteilen ergibt hier günstige Verhältnisse für die Zuströmung und Beaufschlagung der zwei Flüsse des Niederdruckteiles, da die Überströmrohrkrümmer oben und unten im allmählichen Übergang in die kegeligen Dampfringkanäle münden (Abb. 147b). Anordnung der Befestigungsschrauben gemäß Abb. 147c.

Abb. 148. **Zweigehäusige einflutige Überdruck-Kondensationsturbine** (BBC) für mittlere Leistungen. Bei sehr großem Wärmegefälle und zur Erreichung **guten** Wirkungsgrades Aufteilung des Gefälles auf zwei Gehäuse, damit viele Stufen und große Parsons-Kennziffer erreichbar. HD- und ND-Dampfströme gegeneinander geschaltet zum Druckausgleich; dadurch entfallen Ausgleichkolben; lediglich kräftiges Drucklager zwischen dem Gehäuse. HD-Rotor aus Trommeln gebaut, die durch Lippenschweißung mit der Welle verbunden sind. ND-Rotor gemäß Abb. 64 aus vollen Scheiben zusammengeschweißt. Ventil- und Düsenkästen mit Gehäuse verschweißt (s. Abb. 7). Dreifache Anzapfung zur Speisewasservorwärmung, Entwässerung der letzten Stufen gemäß Abb. 53. Gehäuseauflagerung in der Mitte mit gerade aus dem Flansch vorstehenden Pratzen, die sich seitlich des mittleren Lagerbockes abstützen (s. auch Abb. 160), vorne pendelnde Befestigung gemäß Abb. 107. Elektrische Wellendrehvorrichtung an der Kupplung.

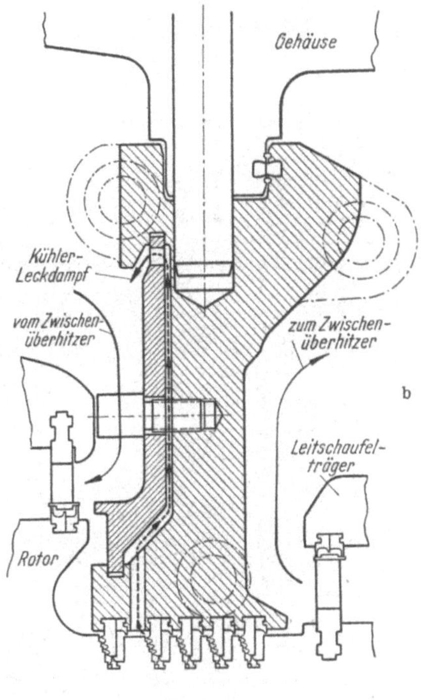

Abb. 149a u. b. **Zweigehäusige einflutige Überdruck-Kondensationsturbine** (Allis Chalmers) für höchste Drücke mit Zwischenüberhitzung. Dampfentnahme zum Zwischenüberhitzer und Wiedereinbringung nach der Zwischenüberhitzung in Mitte des HD-Gehäuses. Man beachte die Ausbildung des Zwischenbodens an der Zwischenüberhitzungsstelle gemäß Abb. 149b. Um die Temperaturdifferenz zwischen der kälteren HD- und der heißeren ND-Seite auszugleichen, wird kühler Leckdampf von der HD-Seite zwischen einem Einsatzschild und dem Zwischenboden radial nach außen geführt, wodurch die Temperatur des Zwischenbodens auf beiden Seiten annähernd gleich gehalten wird. Einsatzschild kann sich frei radial dehnen. Man beachte ferner die im HD-Gehäuse eingehängten Leitschaufelträger (vgl. Abb. 165 u. 167).

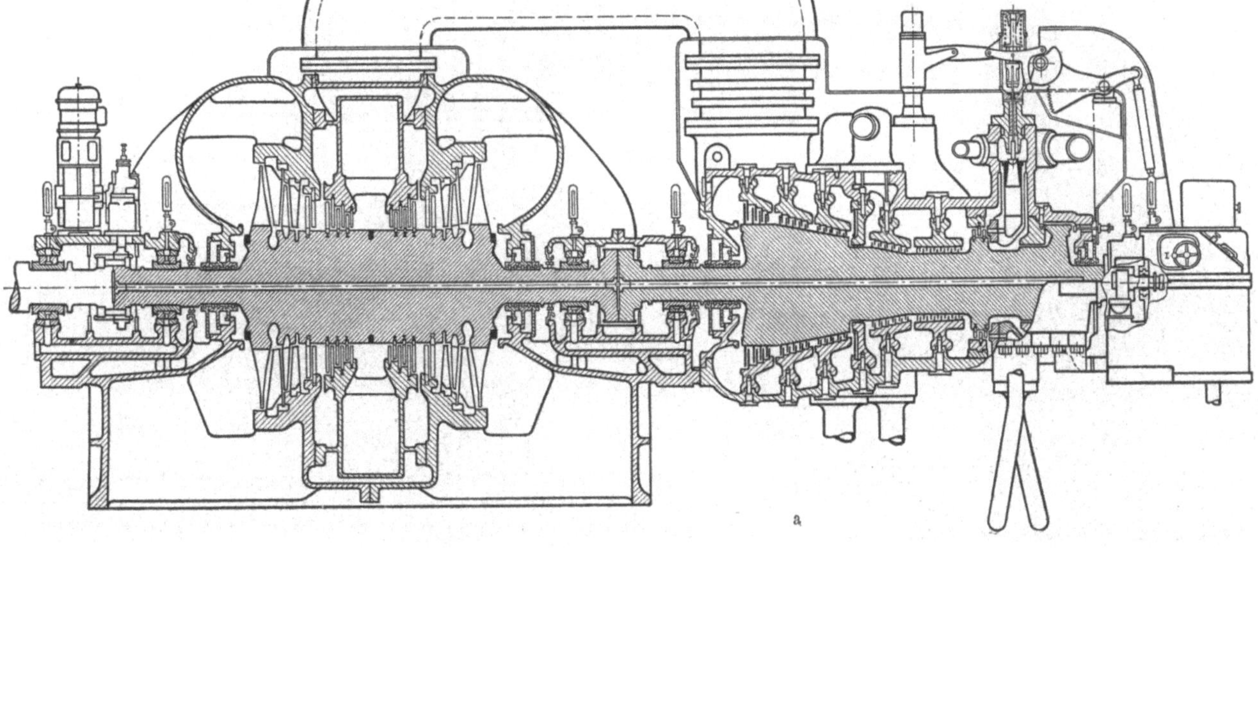

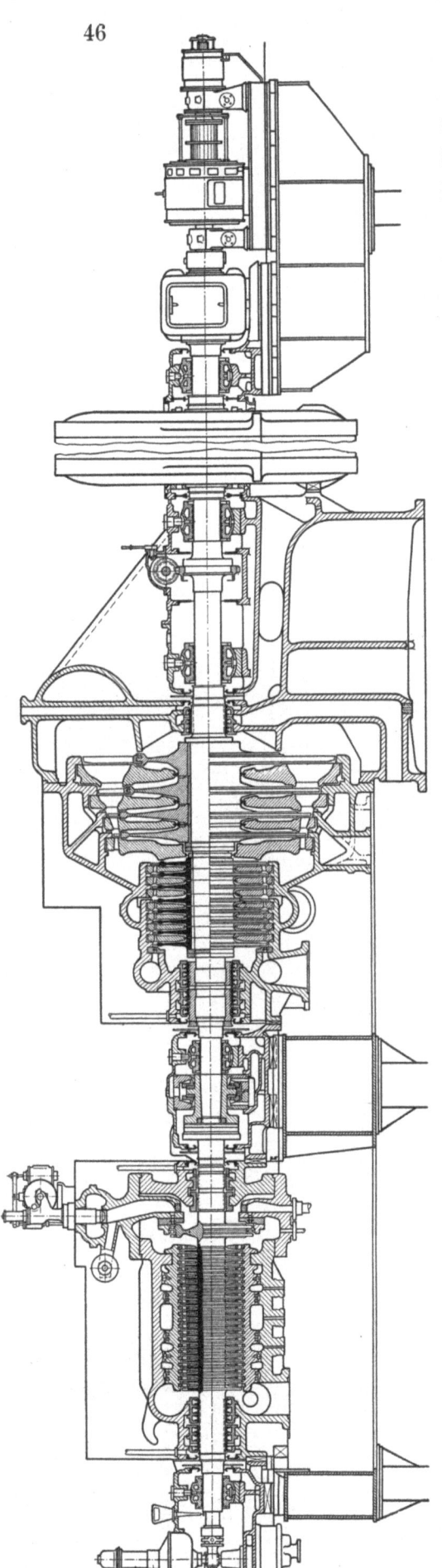

Abb. 150. **Gleichdruck-Kondensationsturbine einflutig (AEG)** 25000 kW; 3000 U/min; Frischdampf 120 ata; 530° C; 4-fache Anzapfung zur Speisewasservorwärmung. Düsengruppenventil gem. Abb. 126. Steuerung s. Abb. 120. Man beachte das Einsatzgehäuse im *HD*-Teil zur Erhöhung der Wärmeelastizität (vgl. Abb. 154 A, 167, 168 A u. B, 168 und 142—144) und die Schaufelbefestigung in den letzten beiden Stufen gemäß Abb. 24.

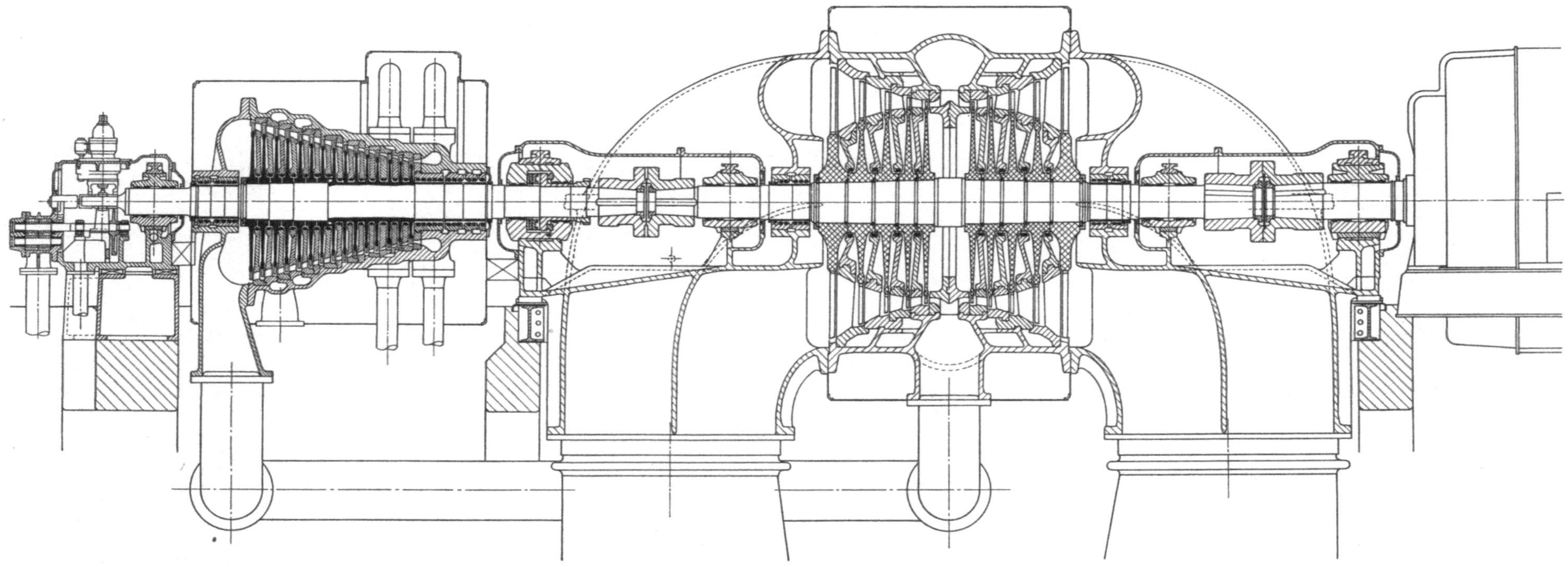

Abb. 151. **Zweigehäusige zweiflutige Gleichdruck-Kondensations-Turbine (EW).** Leistungen bis 60000 kW bei 3000 U/min und 15° C Kühlwassertemperatur. Frischdampf 90 ata; 520° C. Reine Zölly-Turbine mit Drosselregelung. Man beachte die Dampfführung im Hochdruckteil von der Mitte der Turbinenanlage (hier Segmentdrucklager zu axialer Fixierung) nach außen, um relative Wärmedehnungen vom Fixpunkt aus überall gering zu

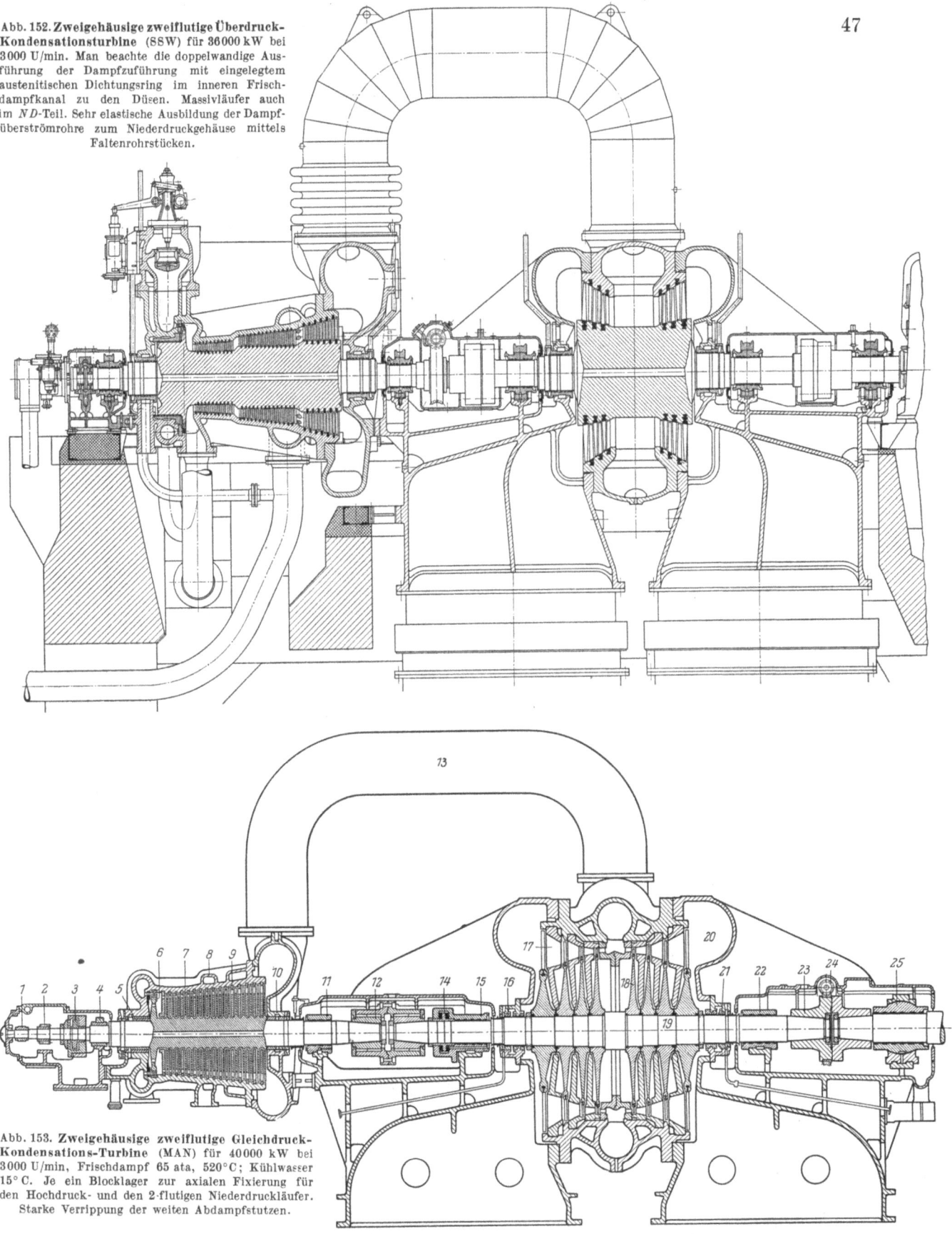

Abb. 152. **Zweigehäusige zweiflutige Überdruck-Kondensationsturbine** (SSW) für 36000 kW bei 3000 U/min. Man beachte die doppelwandige Ausführung der Dampfzuführung mit eingelegtem austenitischen Dichtungsring im inneren Frischdampfkanal zu den Düsen. Massivläufer auch im ND-Teil. Sehr elastische Ausbildung der Dampfüberströmrohre zum Niederdruckgehäuse mittels Faltenrohrstücken.

Abb. 153. **Zweigehäusige zweiflutige Gleichdruck-Kondensations-Turbine** (MAN) für 40000 kW bei 3000 U/min, Frischdampf 65 ata, 520°C; Kühlwasser 15°C. Je ein Blocklager zur axialen Fixierung für den Hochdruck- und den 2-flutigen Niederdruckläufer. Starke Verrippung der weiten Abdampfstutzen.

1 Schnellschlußvorrichtung,
2 Zahnradantrieb für Regler und Ölpumpe,
3 Blocklager,
4 Vorderes Traglager für den Hochdruckläufer,
5 Vordere Wellendichtung im Hochdruckgehäuse,
6 Zweikränziges Curtisrad,
7 Hochdruckläufer,
8 Anzapfstelle, 9 Leitschaufeln,
10 Hintere Wellendichtung im Hochdruckgehäuse,
11 Hinteres Wellenlager im Hochdruckteil,
12 Zahnkranzkupplung zwischen Hochdruck- und Niederdruckläufer,
13 Überströmrohre zwischen Hochdruck- und Niederdruckteil,
14 Blocklager für den Niederdruckläufer,
15 Vorderes Traglager für den Niederdruckläufer,
16 Vordere Wellendichtung im Niederdruckgehäuse,
17 Leitschaufeln im Niederdruckteil,
18 Niederdrucklaufräder,
19 Niederdruckwelle,
20 Abdampfstutzen,
21 Hintere Wellendichtung im Niederdruckgehäuse,
22 Hinteres Traglager des Niederdruckläufers,
23 Flanschkupplung zwischen Turbine und Stromerzeuger,
25 Drehvorrichtung,
24 Vorderes Lager des Stromerzeugers.

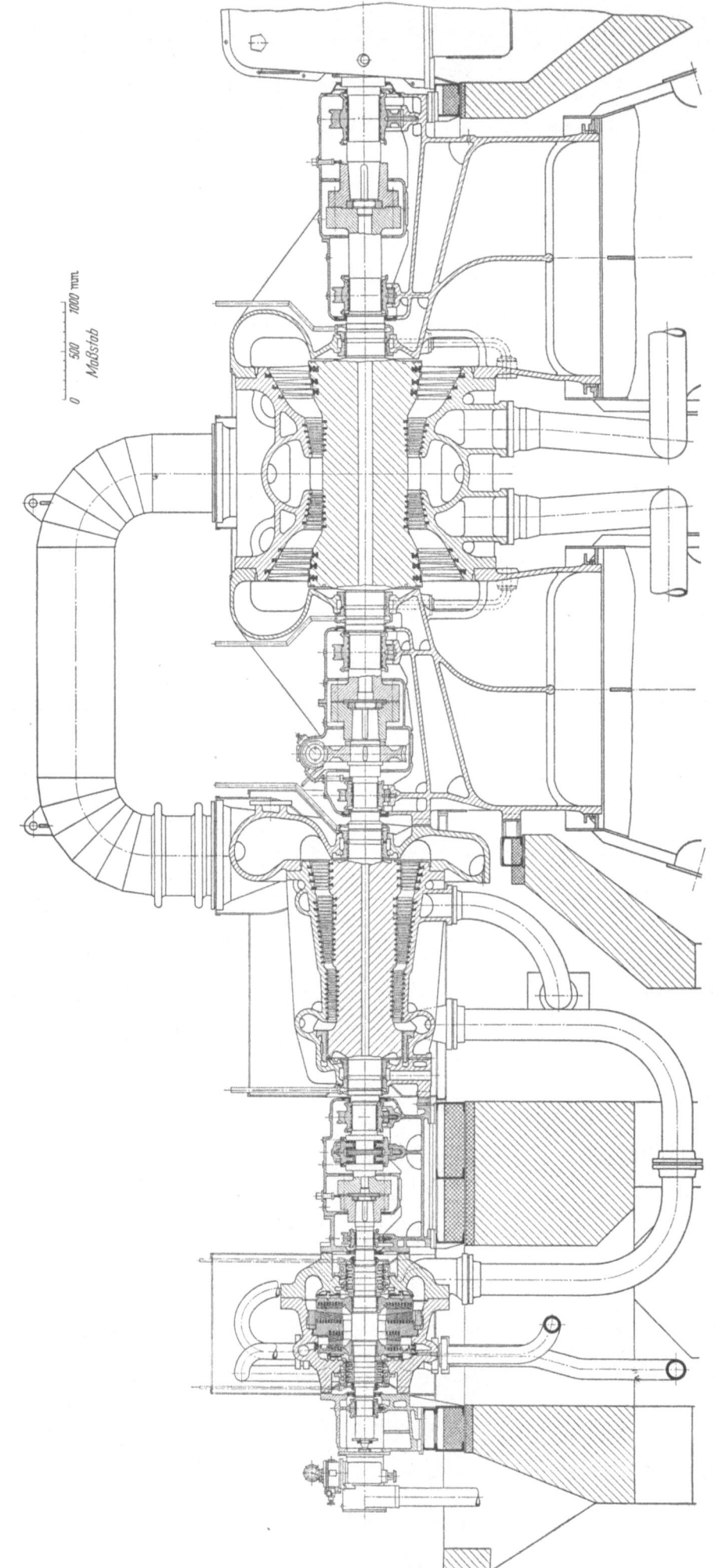

Abb. 154. **Dreigehäusige zweiflutige Radial-Axial-Turbine in Überdruckbauart** (SSW). Leistung 50000 kW bei 3000 U/min. *HD*-Radialturbine mit einkränzigem Gleichdruckregelrad (s. Abb. 191). *MD*- und *ND*-Teil mit massiven Trommelläufern. Man beachte besonders die elastische Verbindung von Abdampf- und Kondensatorstutzen mittels Stopfbüchse, die zusätzlich gegen Lufteinsaugung durch eine Wasserringtasse geschützt ist. Elastische Verbindung wird auch mit Wellrohren oder Gummistulpen ausgeführt. Axiale Fixierung des Läufers mittels Segmentdrucklager zwischen Radialteil und erstem Axialgehäuse.

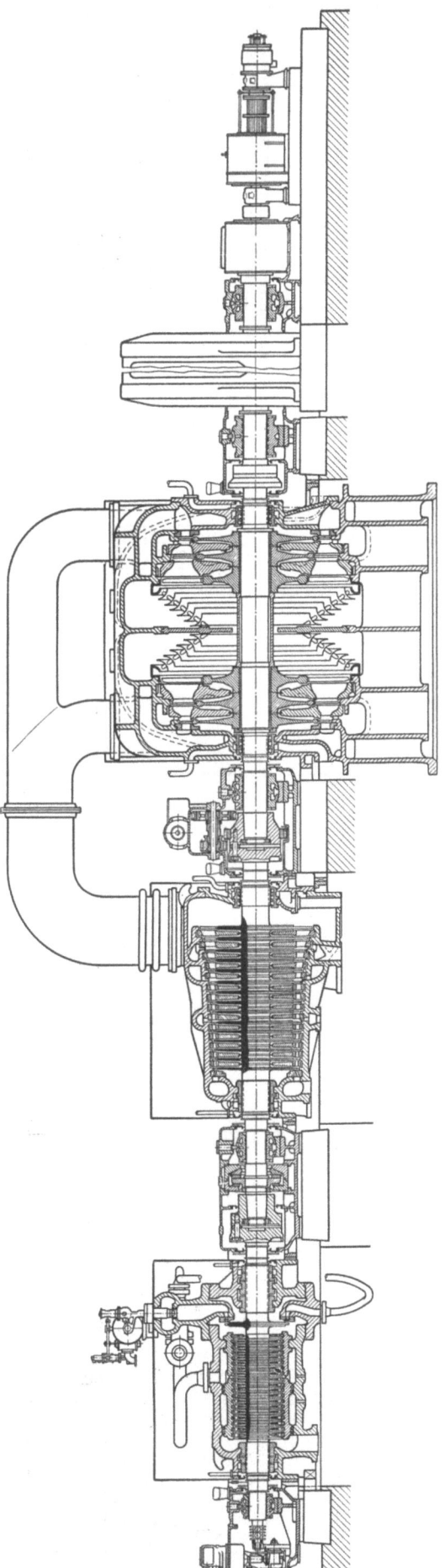

Abb. 154A. Dreigehäusige zweiflutige Kondensationsturbine mit Zwischenüberhitzung (AEG). 60000 kW; 3000 U/min; Frischdampf 100 ata; 500° C; Durchmesser der letzten Stufe $D = 1850$ mm und Schaufellänge $l = 500$ mm, also $l/D = 1:3,7$. 5-fache Anzapfung zur Speisewasservorwärmung. Düsengruppenventil gem. Abb. 126. Steuerung s. Abb. 129, Einsatzgehäuse im HD-Teil s. Abb. 150. Man beachte insbesondere die Umlenkgitter in der Diagonalen der 90°-Umlenkung im Abdampfstutzen zur Verringerung von Wirbelverlusten, zur gleichmäßigeren Beaufschlagung des Abdampfquerschnittes und damit zur Verkürzung der Baulänge des Abdampfstutzens.

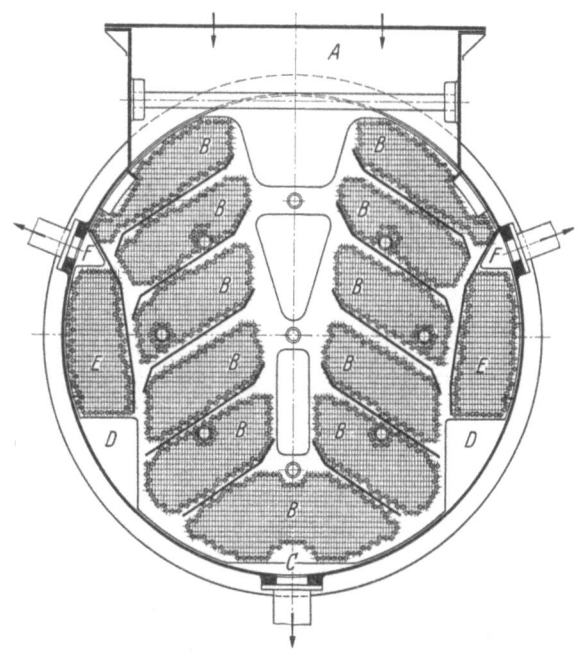

Abb. 155. **Strömungstechnisch durchgebildeter Kondensator in Zweifluß-Bauart** (EW). Bei A tritt der Dampf in den Kondensator und durchströmt auf breiter Front den durch Unterteilung in verschiedene parallel geschaltete Rohrbündel aufgelockerten Teil B, wobei die Hauptkondensation stattfindet. Unter jedem Rohrbündel ist ein Wasserauffangblech zur Abführung angeordnet, um ein Herabtropfen des Kondensates auf die unteren Rohrbündel zu vermeiden, was den Wärmeübergang verschlechtern würde. Mit fortschreitender Kondensation sinken der Partialdruck des Dampfes und seine Temperatur, während der Partialdruck der nichtkondensierbaren Gase relativ steigt. Diese Gase verschlechtern, wenn sie an Rohren haften, wesentlich den Wärmeübergang. Durch Verengung des Strömungskanals in Richtung fortschreitender Kondensation und durch Vermeidung toter Räume wird überall ausreichende Dampfgeschwindigkeit aufrechterhalten, um die Gashüllen von den Rohren wegzuspülen. Im Raum C—D ist der Dampf noch so wenig gashaltig, daß das Kondensat gut entlüftet bei C vom Kondensator abfließt. In den sich verengenden Räumen E strömt der Dampf aufwärts zu den Luftabsaugungen F. Mit weiterer Kondensation steigt der Gasgehalt stark an, und das unterkühlte etwas lufthaltige Kondensat tropft in feinem Regen gegen den Dampfstrom nach unten und wird dabei durch Mischkondensation wieder aufgewärmt und entlüftet. Das Kondensat soll bei dieser Anordnung nicht mehr als 0,05 mg O_2/l enthalten. Wärmeübergang zwischen 3000 und 4000 kcal/m²h °C. Bei kleineren Ausführungen ist die Strömung nur in **einem** Fluß zu **einer** Luftabsaugung angeordnet (s. Abb. 138). Hier können auch die Auffangbleche weggelassen werden.

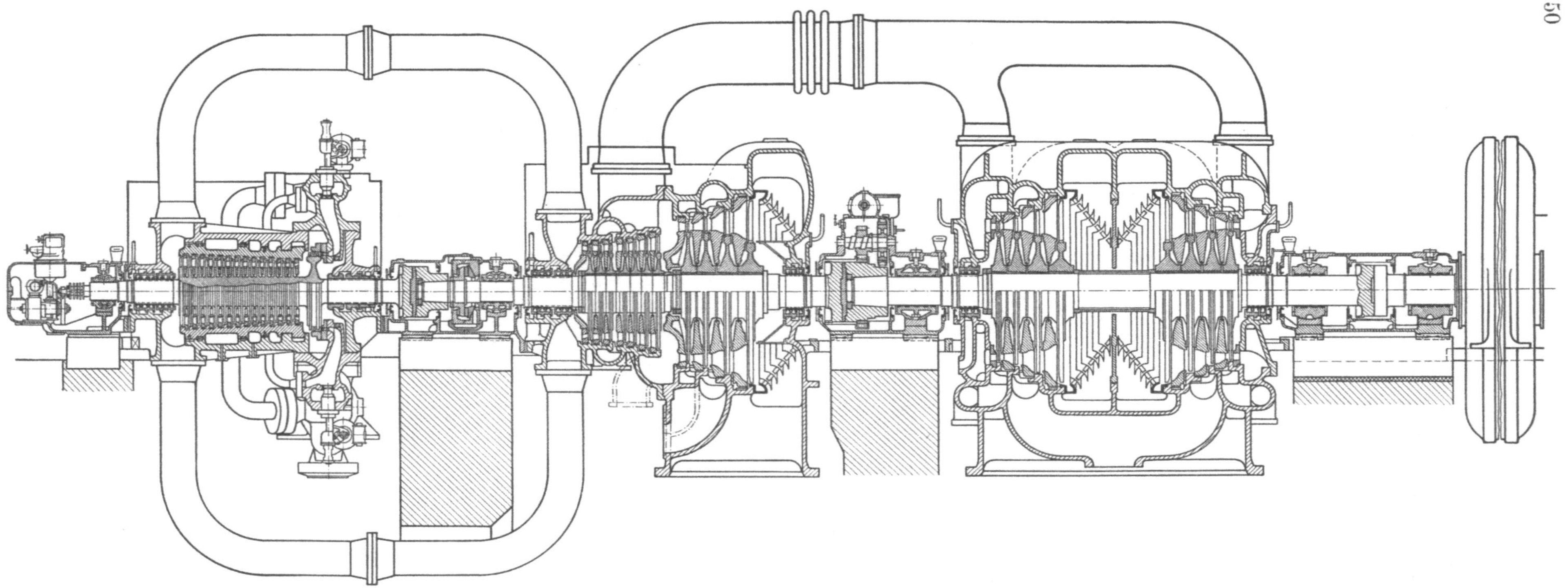

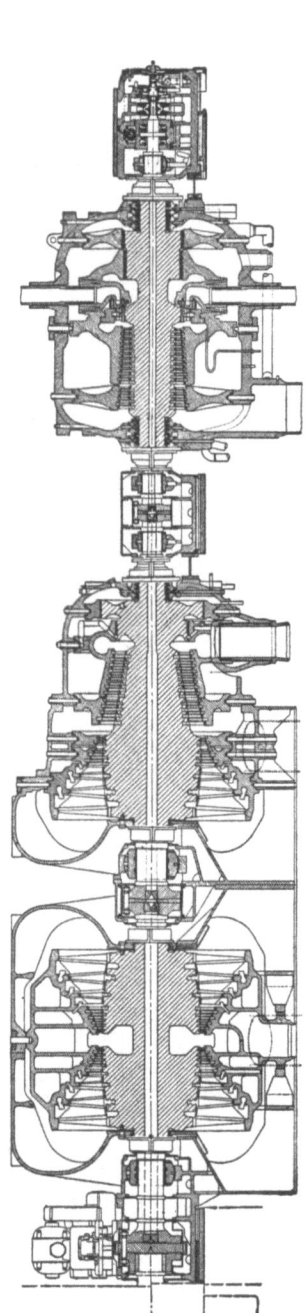

Abb. 156. **Dreigehäusige dreiflutige Gleichdruck-Kondensationsturbine (AEG).** 100000 kW; 3000 U/min; Frischdampf 130 ata; 550° C. Rückkühlung. 4-fache Anzapfung zur Speisewasservorwärmung. Eingehängter Düsenkasten zur Temperaturentlastung des HD-Gehäuses und Einsatzgehäuse im HD-Teil zur Erhöhung der Wärmeelastizität (s. Abb. 150 und 154 A). Man beachte die symmetrische Dampfzuführung (s. Abb. 167) mit oben und unten liegenden entlasteten Einsitzventilen gem. Abb. 126 und ölhydraulischer Steuerung gem. Abb. 129. Bemerkenswert sind auch hier die Umlenkgitter in den Abdampfstutzen (s. Abb. 154 A). Befestigung der letzten Schaufeln mit Steckfuß gem. Abb. 24. Hierbei keine Bindedrähte.

Abb. 156A. **Dreigehäusige dreiflutige Überdruck-Kondensationsturbine (Westinghouse).** Leistungen bis 125 MW bei 3600 U/min; Frischdampf 110 ata, 585° C; Zwischenüberhitzung auf 550° C. Letzte Schaufellänge 580 mm bei $l:D =$ ca. $^1/_5$. Zwischenüberhitzung zwischen HD- und MD-Teil. Nach dem MD-Teil gehen $^1/_3$ des Dampfes durch den einflutigen ND-Teil des gleichen Gehäuses, $^2/_3$ zum zweiflutigen ND-Teil des dritten Gehäuses. Man beachte besonders die rein zylindrische Ausbildung des HD-Gehäuses mit in sich geschlossenem Einsatzgehäuse für den Höchstdruckteil (Doppelgehäusebauart) (vgl. Abb. 166). Eingeschweißte Düsenringen aus hochtemperaturfestem Werkstoff mit elastischen Zwischenringen für die Wärmedehnung. Eine Turbine dieser Bauart, jedoch mit 600 mm langen Endschaufeln, wurde für 185000 kW bei 3600 U/min; 161 atü; 600° C und Zwischenüberhitzung auf 565° C in letzter Zeit gebaut.

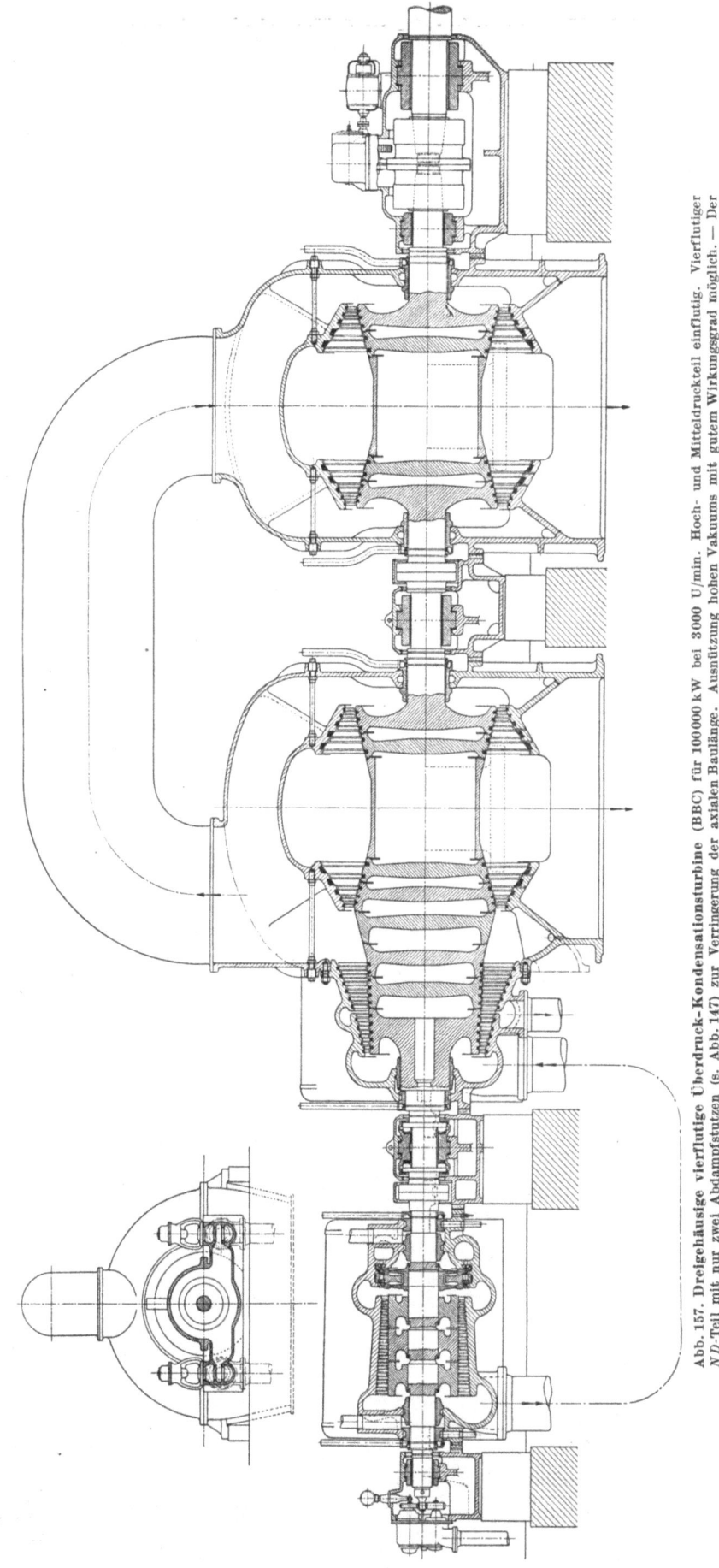

Abb. 157. Dreigehäusige vierflutige Überdruck-Kondensationsturbine (BBC) für 100000 kW bei 3000 U/min. Hoch- und Mitteldruckteil einflutig. Vierflutiger ND-Teil mit nur zwei Abdampfstutzen (s. Abb. 147) zur Verringerung der axialen Baulänge. Ausnützung hohen Vakuums mit gutem Wirkungsgrad möglich. — Der größte Einwellen-Turbosatz ist z. Zt. die 200000 kW Maschine im Kraftwerk Cromby (Philadelphia) mit 125 atü; 588° C; Zwischenüberhitzung auf Frischdampftemperatur und mit dreiflutigem ND-Teil. Drehzahl $n = 3600$ U/min.

XVIII. Gegendruck- und Vorschaltturbinen.

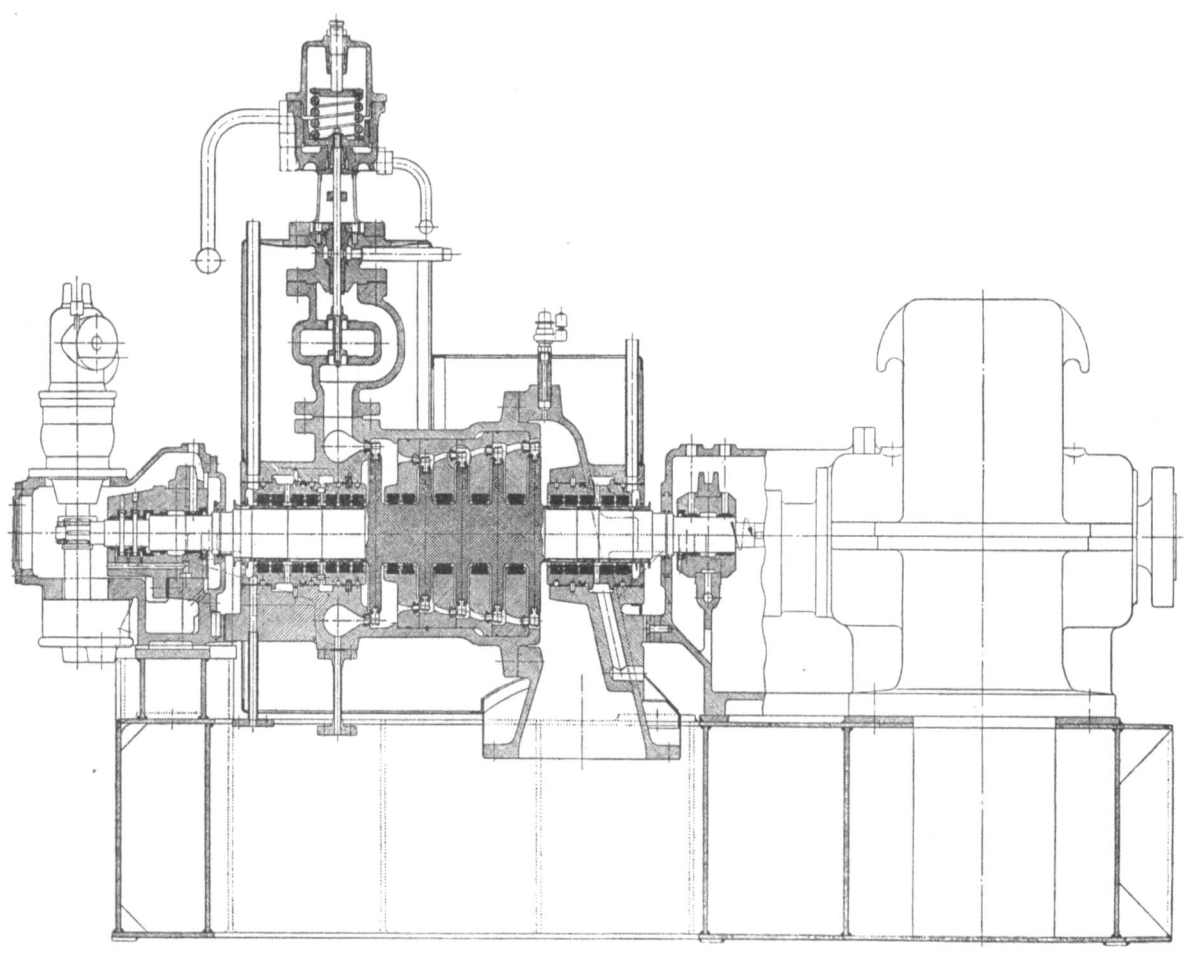

Abb. 158. **Schnellaufende Gegendruck-Getriebeturbine in Gleichdruckbauart (EW).** Man beachte die breiten Zwischenböden, um viele Dichtungsstellen an der Nabe unterbringen zu können, damit die Spaltverluste klein bleiben; Abdichtung mit Kohlelabyrinthen an den Zwischenböden und Außenstopfbüchsen (s. Abb. 50 u. 78). Läufer aus dem Vollen gedreht bei großem Gefälle und kleinen Dampfmengen. Bei großer Dampfmenge und großem Gefälle Läufer aus mehreren aufgeschrumpften Rädern größeren Durchmessers. Lagerschalen mit zwei Laufschalen und dazwischenliegendem Ölabfluß (s. Abb. 88). Sicherheitsventil auf dem Abdampfstutzen.

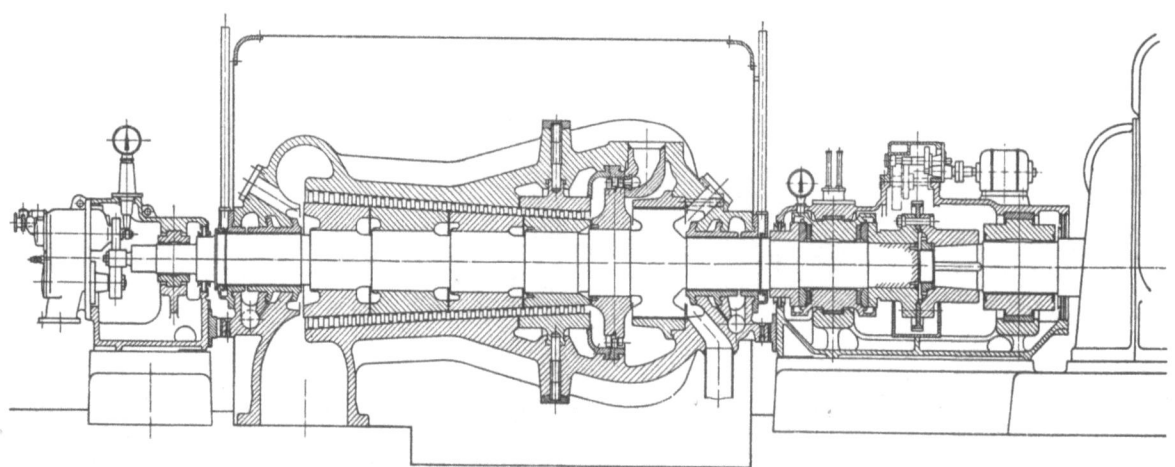

Abb. 159. **Vorschaltturbine (BBC)** mit eingeschweißten Düsenkästen und aufgeschweißten Ventilgehäusen (s. Abb. 163). Der hochüberhitzte, hochgespannte Frischdampf kommt nur mit Ventilgehäuse und Düsenkasten in Berührung. Daher gleichmäßigere Erwärmung des Gehäuses bei Teilbeaufschlagung. Keine Undichtheiten durch Flanschverbindungen bei der Dampfzuführung. Alle dampfführenden Teile können sich frei ausdehnen (s. Abb. 7). Man beachte besonders den mit Rücksicht auf eine gleichmäßige Ausdehnung des Gehäuses allmählichen Übergang von der Radkammer des Gleichdruckrades zum Überdruckteil; weiterhin den für den ersten Teil der Überdruckbeschaufelung ins Gehäuse eingesetzten eigenen Schaufelträger, sowie den das Gehäuse gegen zu starke Erwärmung und Auswaschung schützenden Ring hinter dem Gleichdruckrad und ferner die Anbringung von oberen und unteren senkrechtstehenden Rippen am Turbinengehäuse zur Erzielung eines annähernd gleichen Widerstandsmomentes des Gehäuses in waagrechter und senkrechter Richtung und damit zur Vermeidung einer sonst möglichen Verformung des Zylinders.

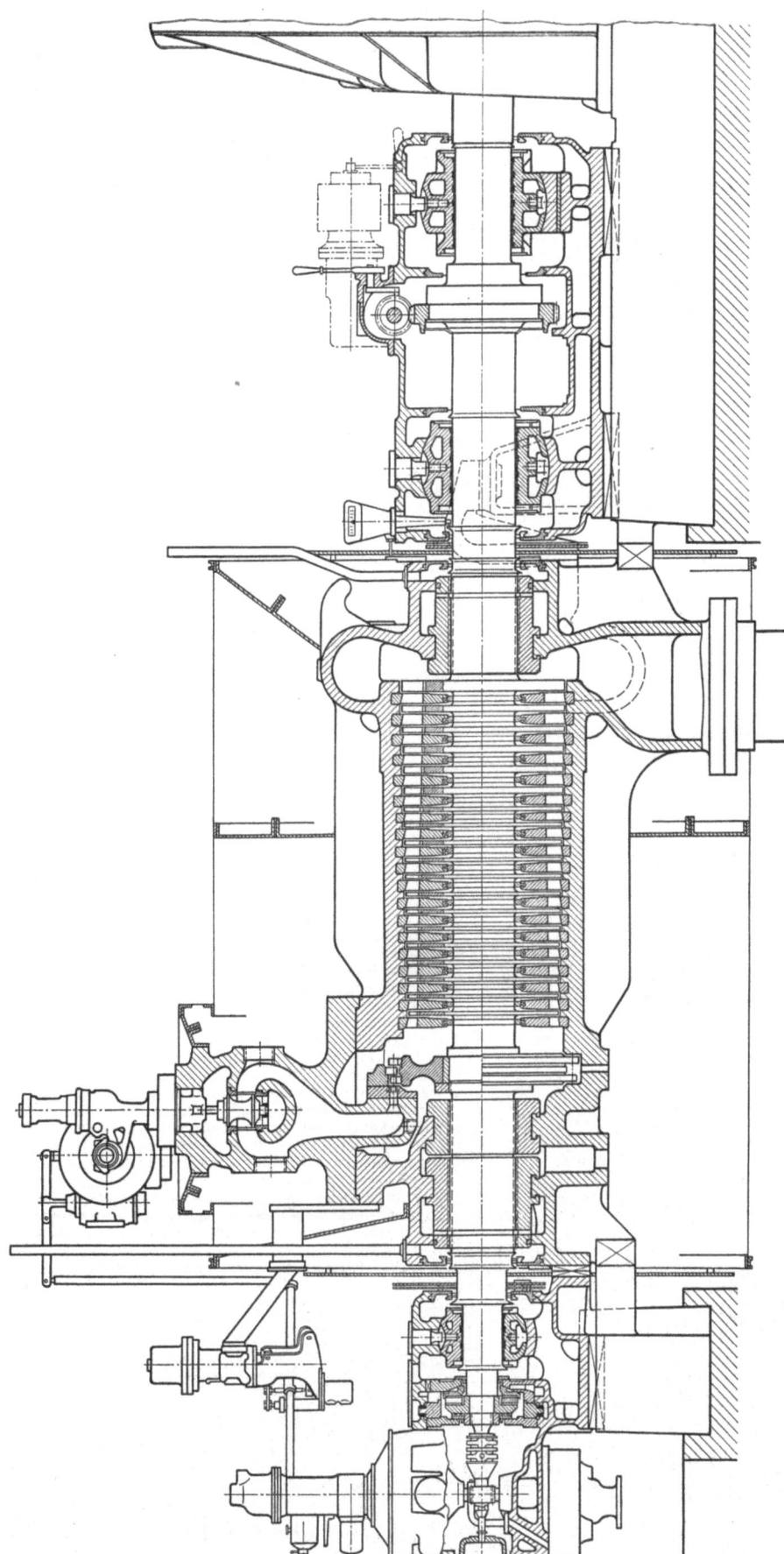

Abb. 160. **Gegendruckturbine** (AEG) für 17500 kW bei 3000 U/min; Frischdampf 125 ata, 510° C. Läufer aus dem Vollen mit aufgeschrumpftem Curtisrad. Dampfzuführung durch eingehängte Düsenkästen, die mit dem Gehäuse verschraubt sind; dadurch Entlastung des Gehäuses von Druck und besonders Temperatur des Frischdampfes. Gehäuse mittels Pratzen in Höhe Wellenmitte gelagert. Gehäuse und Rotor an Dampfeintrittsseite fixiert, beide dehnen sich in Richtung der Dampfströmung. Am Abdampfende Wellendehnungsmesser zur Überwachung der Relativverschiebungen zwischen Läufer und Gehäuse.

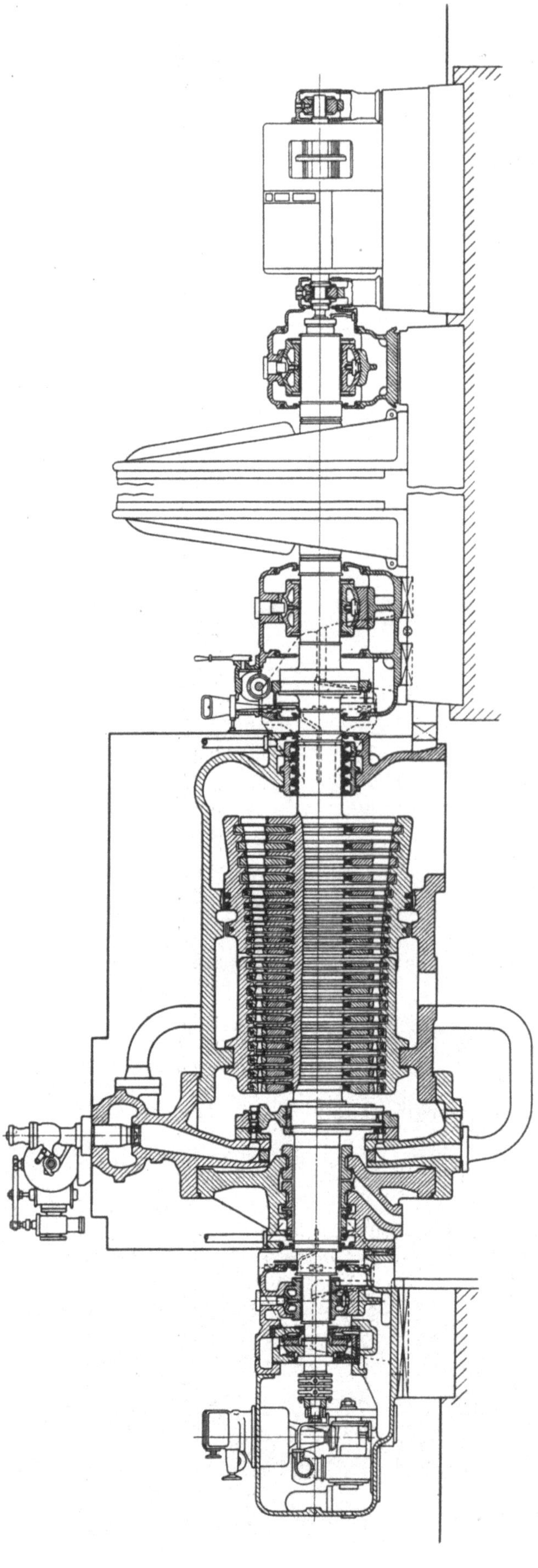

Abb. 160 A. **Gegendruckturbine** (AEG) mit Einsatzgehäuse für 30000 kW; 3000 U/min; Frischdampf 110 ata, 510° C; Gegendruck 5 ata. Läufer wie Abb. 160; eingehängter Düsenkasten wie Abb. 160. Düsengruppenventil gem. Abb. 126. Einsatzgehäuse zur Erhöhung der Wärmeelastizität (s. Abb. 150).

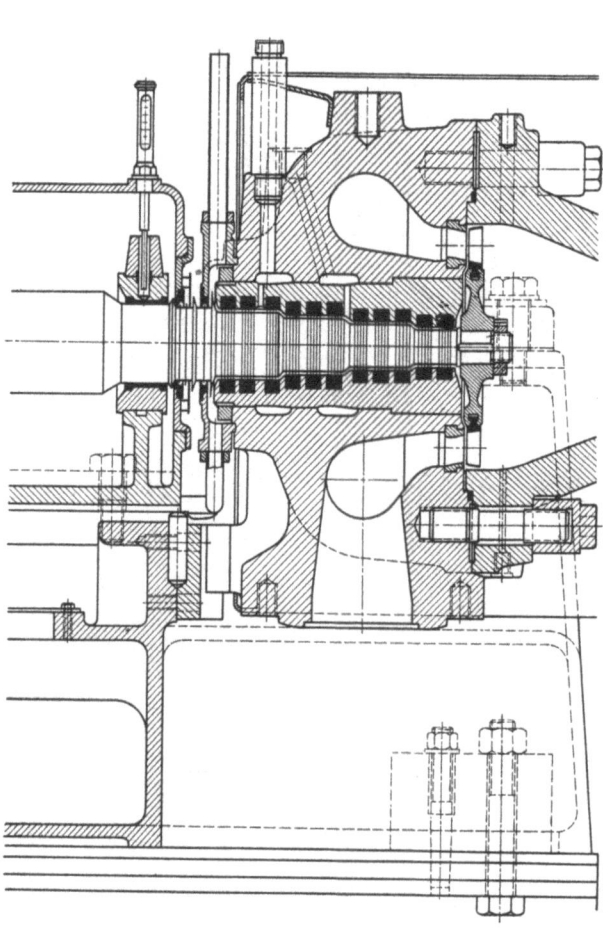

Abb. 161. **Sonderturbine** (EW) mit Kohlelabyrinthstopfbüchse. An der Stopfbüchse 100 ata, 490° C. Die gesamte Dampfmenge von 150 t/h leistet, bevor sie zur Hauptturbine gelangt, in dieser Spezialturbine die Arbeit zum Antrieb von Saugzugventilatoren. Labyrinthdichtung der Stopfbüchse gemäß Abb. 78 oder mit direkt in die Welle eingedrehten Kämmen. Durch kleines Reibungsdrehmoment beim Anschleifen der Kämme an den Kohleringen nur kleine Torsionsschwingungen der Welle. Gehäuse **senkrecht** zur Wellenachse geteilt, wobei ähnlich der Abb. 105 Aussparungen im Bereich der Schraubenlöcher zur Erhöhung des Dichtungsdruckes in den Berührungsflächen und hier außerdem noch ein — schwarzmarkierter — Dichtungsring vorgesehen sind und auch die Flanschverschraubung mittels Dehnungsstiftschrauben mit Kappenmuttern ausgeführt ist. Welle freiliegend. Damit entfällt eine Stopfbüchse. Man beachte, daß der Wellendurchmesser mit steigendem Leckdampfdruck in der Stopfbüchse nach innen zu abnimmt. Dadurch bei genügender Festigkeit der Welle möglichst kleine Undichtheitsverluste. Bemerkenswert ist ferner die Anordnung von Rippen (Stützschaufeln) im Frischdampfringkanal vor den Düsen, um ein Auseinanderklaffen des Gehäuses zu vermeiden.

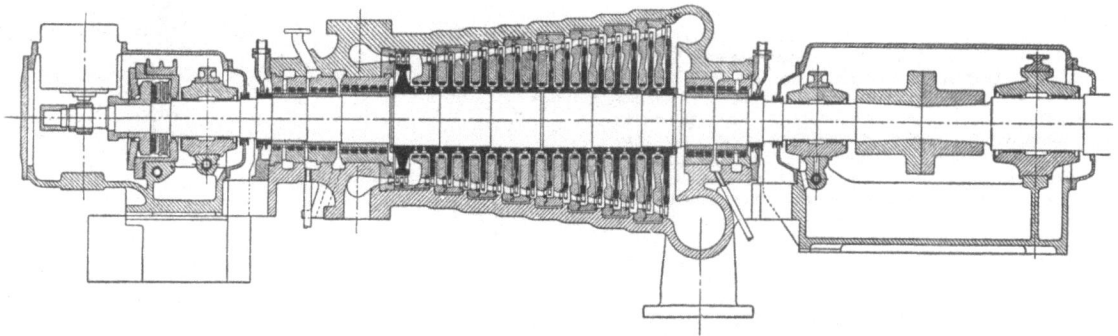

Abb. 162. **Vorschaltturbine** (EW) für 15000 kW bei 3000 U/min; Frischdampf 95 ata, 490°C. Direkte starre Kupplung mit dem Generator Man beachte insbesondere die Befestigung des Umlenkleitrades beim zweikränzigen Regelrad am ersten Zwischenboden.

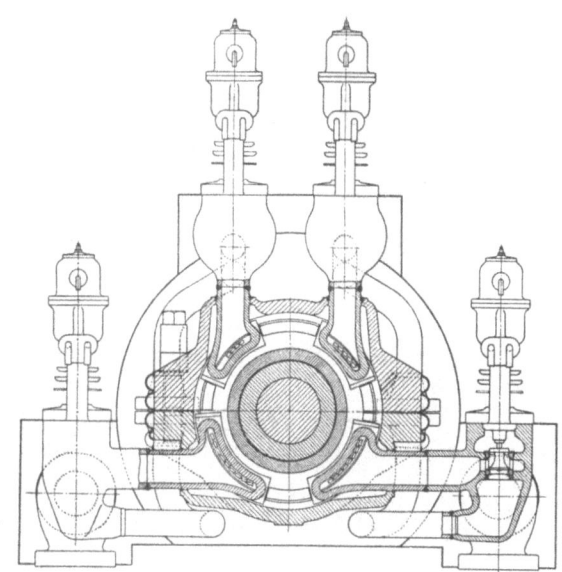

Abb. 163. **Dampfzufuhr bei Höchstdruck- und Höchsttemperatur-Turbinen** (BBC). Eingeschweißte Düsenkästen, von denen zwei im Oberteil und zwei im Unterteil des Gehäuses liegen, so daß die Frischdampfdüsensegmente über den Umfang des Regelrades symmetrisch verteilt werden (s. Abb. 7 und 159). Flanschverschraubung und Flanschheizung gem. Abb. 105. Man beachte besonders die starken Flansche, die allmählichen Übergänge vom Flansch auf Zylinder und die weitgehende Annäherung an symmetrische Form mit Rücksicht auf die Temperaturdehnungen (s. Abb. 167).

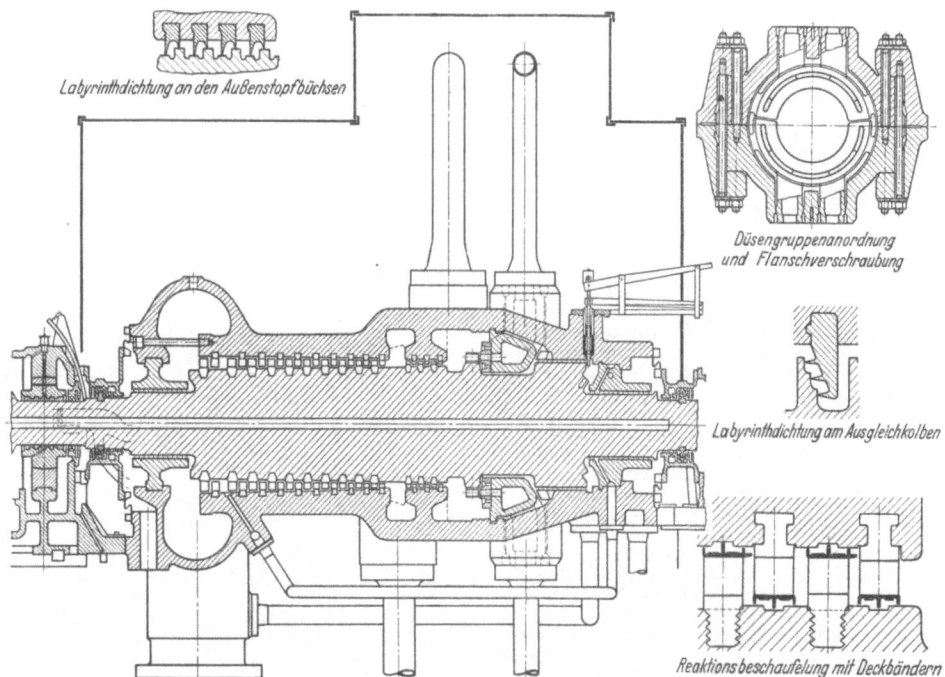

Abb. 164. **Vorschaltturbine** nach Rateau in Reaktionsbauart für 50000 kW bei 3600 U/min. Frischdampf 88 ata, 500°C; Gegendruck 33 ata; Dampfdurchsatz 580 t/h. Trommelläufer mit 1-A-Rad und 13 Reaktionsstufen. Wegen des großen Dampfdurchsatzes ist die Turbine mit je einem Ventilkasten auf Ober- und Unterseite des Gehäuses ausgerüstet. Jeder Ventilkasten enthält ein Hauptabsperrventil und vier Düsengruppenventile. Man beachte die in die Gehäusetrommel von innen eingeschobenen Düsenkästen, die zweifachen ungesteuerten Anzapfungen, den Zuganker im Oberteil des Abdampfstutzens und die weitgehende radiale und axiale Abdichtung an den Deckbändern der Leitrad- und Laufrad-Schaufeln.
Eine Ausgleichsleitung verbindet die beiden Ventilkästen direkt hinter dem Hauptabsperrventil, um bei hoher Belastung den Durchfluß durch beide Hauptabsperrventile auszugleichen. In das Gehäuse sind vier Düsenkästen aus hochtemperaturfestem Werkstoff eingeschweißt, deren Dampfzufluß von je 2 Ventilen gesteuert wird. Man beachte die allmählichen Übergänge im Gehäuse (s. Abb. 159) auch in der Wandstärke und die doppelte Flanschverschraubung (vgl. Abb. 106), sowie die freibewegliche Einhängung der Düsenkästen (vgl. Abb. 7), ferner die Spaltabdichtungen an den Deckbändern der Reaktionsschaufeln und die gedrängte Ausführung der Labyrinthdichtungen an dem Ausgleichkolben und den Außenstopfbüchsen. Wellendehnungsmesser auf beiden Zylinderseiten. Verstrebung im Abdampfstutzen (s. auch Abb. 144).

Abb. 165. **Hochdruckturbine** (Westinghouse). $N_{el}=50000$ kW, $n=3600$ U/min, Dampfeintritt 110 ata, 510° C, Anzapfstelle bei 28 ata, Austritt mit 14 ata, 252° C. Ein 2-C-Rad und 16 Reaktionsstufen. Letztere sind mit gleichem mittleren Durchmesser ausgeführt, wodurch mit einem Ausgleichkolben annähernd konstanter Axialschub erreicht wird. Von den 6 Regelventilen sind 5 als Düsengruppenventile vor dem Gleichdruck-Regelrad angeordnet, während eines den inneren Bypaß steuert, der Überlastdampf in die achte Stufe leitet, wodurch eine Maximalleistung von 56250 kW erzielt werden kann. Eine Eigentümlichkeit dieser Maschine ist ein sich um das ganze Turbinengehäuse an der Hochdruckseite erstreckender Ringkanal, der von dem im Cylinderdeckel gelegenen Düsengruppenventil Nr. 1 nach den zugehörigen, im Cylinderunterteil angeordneten Düsen führt. Dieser Ringkanal (= Düsenkammer) wird sofort beim Öffnen des erwähnten Ventiles Nr. 1 mit Hochtemperaturdampf gefüllt, wodurch sich das Turbinengehäuse gleichmäßig erwärmt und Verwerfungen besonders beim Anfahren verringert werden. Die untere Hälfte dieses Ringkanales ist zur Vereinfachung des Gehäusegusses als getrenntes Gußstück ausgeführt, das im Gehäuse durch Radialbolzen ebenso befestigt wird wie die Leitschaufelträger der Reaktionsstufen. Diese Leitschaufelträger werden auch hier allseitig vom Dampf umspült, so daß sie sich beim Anfahren schneller erwärmen als der Trommelläufer (s. auch Abb. 167). Das Gehäuse ist etwa in Höhe Wellenmitte gelagert, wodurch annähernd zentrische Lage von Rotor und Gehäuse eingehalten wird. Das Gehäuse ist auf der Kammlagerseite (Niederdruckende) fest mit dem Fundament verbunden und dehnt sich mit dem Rotor zum Hochdruckende hin. Die Maschine ist ausgerüstet mit einem Wellendehnungsanzeiger und einem Meßapparat, der die Schwingungen der Welle nahe bei den Lagern überwacht. Außer dem Drehzahlregler ist ein Gegendruck-Begrenzungsregler eingebaut, der bei unzulässigem Ansteigen des Gegendruckes infolge von Störungen im Niederdruckteil die Düsengruppenventile schließt.

Man beachte, daß insbesondere bei hohen Drücken die Ventile häufig nicht mehr als Doppelsitz- sondern als Einsitzventile ausgeführt werden, weil sich damit eine sichere Abdichtung erzielen läßt (s. auch Abb. 144, 145, 142, 149, 166).

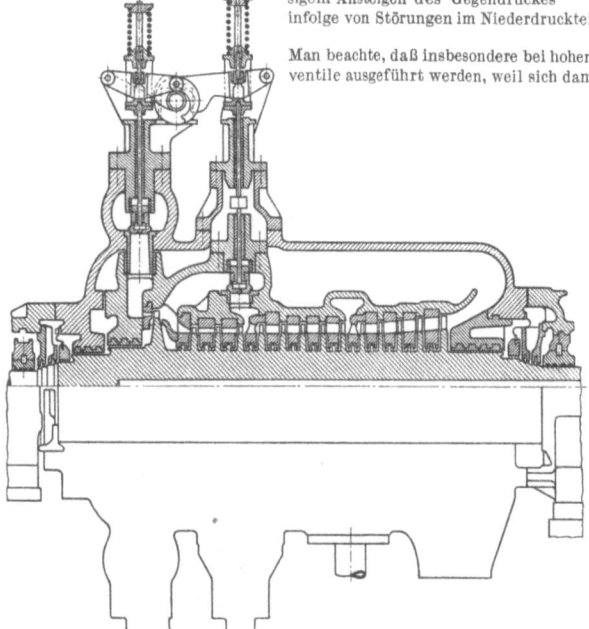

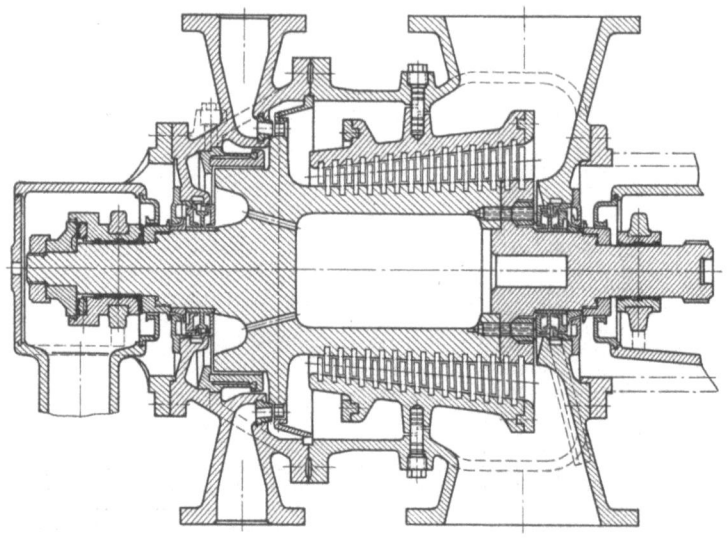

Abb. 166. **Vorschaltturbine** (GEC) Doppelgehäuseturbine (s. auch Abb. 156) für 50000 kW bei 3600 U/min. Frischdampf 110 ata, 510° C; Anzapfung bei 28 ata; Abdampf 14 ata, 252° C. Das Innengehäuse ist in sich dampfdicht und radial beweglich mit dem Außengehäuse verbunden. Das Außengehäuse nimmt nur Druck und Temperatur des Abdampfes auf, der sich zwischen beiden Gehäusen befindet, während das Innengehäuse zwar der hohen Frischdampftemperatur, aber festigkeitsmäßig nur der Druckdifferenz zwischen Frischdampf- und Gegendruck ausgesetzt ist. Der innere Überdruck des Innengehäuses sinkt bis zum Dampfaustritt auf Null. Die Turbine, die ein einkränziges Gleichdruckregelrad und 13 Aktionsstufen aufweist, ist mit je 5 Regelventilen im Gehäuseober- und -unterteil ausgerüstet, von denen insgesamt 6 als Düsengruppenventile vor dem Regelrad angeordnet sind, während 4 den inneren Bypaß steuern, der Überlastdampf in die 4. Stufe führt. Es wird hier nicht wie üblich bei der Bypaß-Ausführung Frischdampf, sondern Dampf aus der Radkammer hinter dem Regelrad zugeführt. Das Gehäuse ist mit Pratzen, die gerade aus dem Flansch hervorstehen, gelagert und am Niederdruckende fest mit dem Fundament verbunden, während es sich zum Hochdruckende hin frei dehnen kann und über das mit dem Gehäuse verbundene Drucklager den Rotor mitnimmt, so daß die Axialspiele zwischen Leit- und Laufrädern annähernd erhalten bleiben. Man beachte die elastische Befestigung der äußeren Teile der Außenstopfbüchsen sowie den diffusorartig ausgebildeten Abströmkanal hinter der letzten Stufe zur teilweisen Rückgewinnung des Austrittsverlustes.

Abb. 167. **Hochdruck-Hochtemperatur-Turbine** (System Röder). Mit **atmenden** Einbauten. Als Leitschaufelträger wird ein **aus vollkommen rotationssymmetrischen Halbschalen aufgebauter** besonderer **Drehkörper**, der durch Ringe zusammengehalten wird, im Turbinengehäuse zentrisch und wärmebeweglich mittels radialer Tragbolzen eingehängt. Durch achssymmetrische Ausbildung aller Anschlüsse sollen das Außengehäuse und auch der eingesetzte Drehkörper im Betrieb ihre konzentrische Lage stets beibehalten. Bei Temperaturänderungen erleidet der Einsatzkörper infolge der rotationssymmetrischen Form nur kreisrunde Verformung. Beim Anfahren Vergrößerung der Radialspalte durch schnellere Erwärmung des vom Dampf umspülten, mit geringer Masse ausgeführten Leitschaufelträgers gegenüber dem größere Masse aufweisenden Rotor. Im Beharrungszustand aber dann wieder kleinste eingestellte Spiele. Dichtung gegen Umströmung des Einsatzgehäuses auf der Außenseite durch Anpreßdruck an Leisten des Außengehäuses. Diese Maschinen, bei welchen neuerdings auch die Außenstopfbüchsen mit auf radialen Tragbolzen gelagerten atmenden Einbaubüchsen ausgestattet sind, eignen sich vor allem für kleinere Leistungen bei sehr hohen Drehzahlen von 10—20000 U/min.

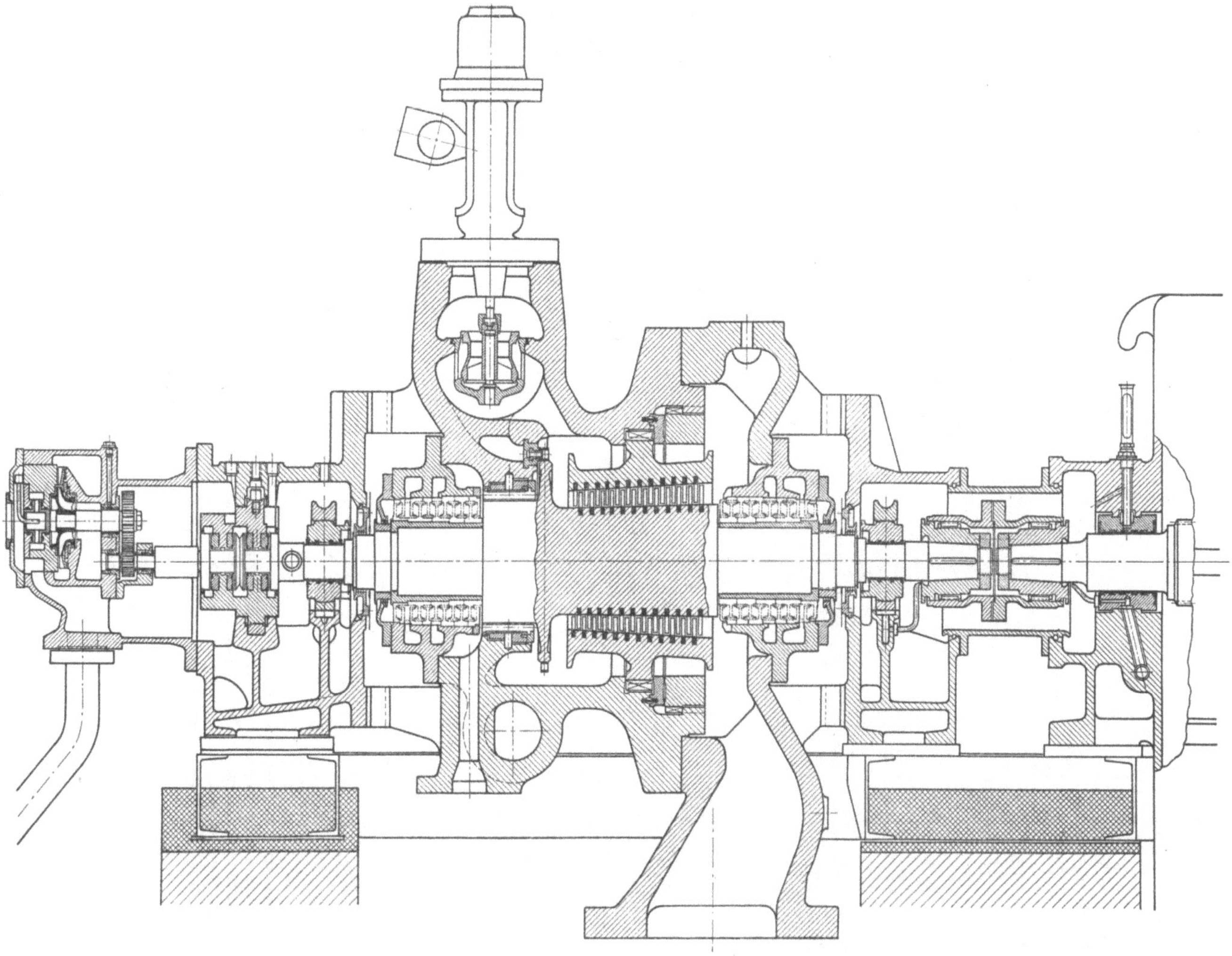

Abb. 168. **Hochdruck-Gegendruck-Turbine** (SSW-Röder) für 3000 kW bei 8000 U/min. Frischdampf 85 ata, 510° C; Abdampf 42 ata, 405° C. Hier zweiteiliger Einsatzkörper, in Teilfugen ohne Flansch mit eingelassenen Schrauben verbunden. Einsatzkörper wird mit vier am Umfang verteilten Radialzähnen im Gehäuse zentrisch und wärmebeweglich gelagert und über Zwischenstück mit austenitischem, einteiligem Dichtungsring in Doppelwulstform (in der Zeichnung schwarz markiert), der gegen Umströmung dichtet, durch Bajonettverschlußring axial gehalten. HD-Gehäuse und Abdampfstutzen jeweils einteilig und durch Rundflansch am Abdampfende miteinander verschraubt. Zusammenbau ähnlich wie bei Radialturbine. Stopfbüchsen wie Abb. 72 mit vielen Drosselstellen bei kleiner axialer Ausdehnung.

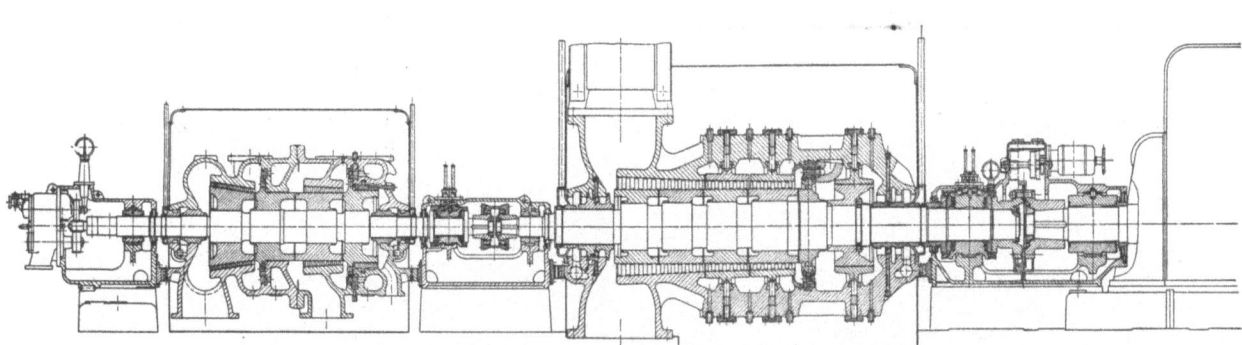

Abb. 168 B. **32 MW Hochdruck-Vorschalt- und Niederdruck-Vorwärmeturbine** (BBC). Bei Erhöhung von Druck und Dampftemperatur in älteren Dampfkraftanlagen und Anordnung einer Vorschaltturbine ist es zur Verbesserung des thermischen Wirkungsgrades zweckmäßig, entsprechend der Drucksteigerung auch die Vorwärmung des Speisewassers zu erhöhen bzw. einzuführen. Das geschieht durch Anordnung einer besonderen Vorwärmeturbine, die parallel zum alten Kondensationsteil mit einem Teildampfstrom gefahren wird. Unter Umständen läßt sich die Vorschaltturbine mit der Vorwämeturbine in der hier dargestellten Weise zu einem Aggregat vereinigen. Man beachte die Symmetrie des Gehäuses der Vorschaltturbine, die Einsatz—Leitschaufelträger (vgl. Abb. 159 u. 167) den eingeschweißten Düsenkasten und den Schutzring hinter dem Regelrad (gem. Abb. 159).

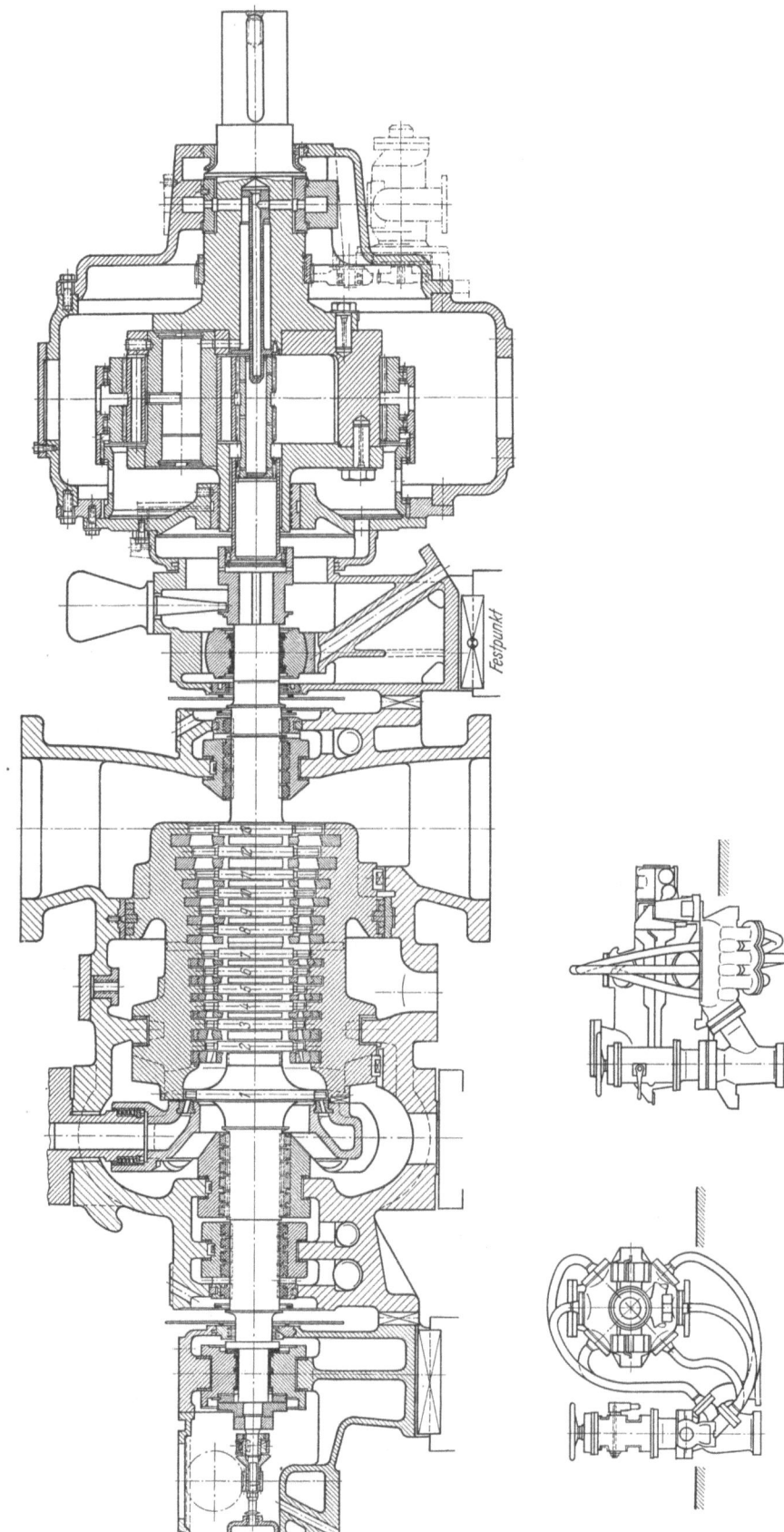

Abb. 168 A. Schnellaufende Gegendruckturbine in Gleichdruckbauart (AEG). 5000 kW; 12000 U/min; Frischdampf 80 ata, 520° C; Gegendruck 5 ata. Düsengruppenventile neben der Turbine angeordnet. Ungeteilter, symmetrisch gestalteter wärmebeweglicher Einströmring mit radial eingedeckten und auf dem Gehäuse verschraubten Dampfzuführungsstutzen. Großes Gefälle des Regelrades, um Gehäuse von Druck- und Temperaturspitzen zu entlasten. Einsatzgehäuse als Leitradträger, um Wärmeelastizität usw. (s. Abb. 167) zu verbessern. Man beachte auch die weitgehende Symmetrie des Gehäuses mit Rücksicht auf Wärmeverformungen (s. Abb. 167). Zwischen Turbine und Generator Getriebe mit Untersetzungsverhältnis 8:1.

XIX. Entnahmeturbinen.

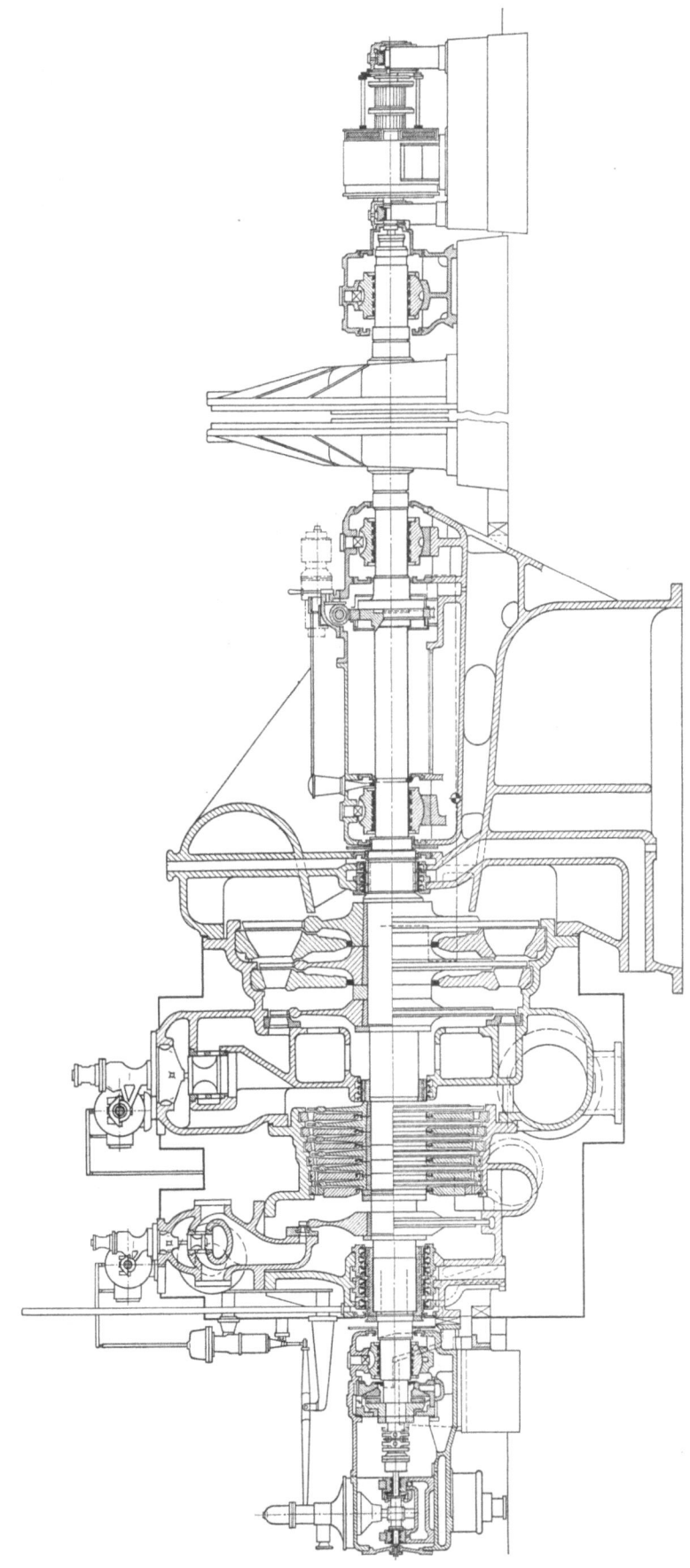

Abb. 169. Eingehäusige Entnahme-Kondensationsturbine. (AEG). 25000 kW; 3000 U/min; Frischdampf 40 ata, 460° C. Entnahme a) ungesteuert nach dem Regelrad bei ca. 27 ata und b) gesteuert bei 1,3 ata. Bei mehrstufiger Ausführung einkränzige Regelräder zur Verbesserung des Wirkungsgrades. Lagerung gem. Abb. 143.

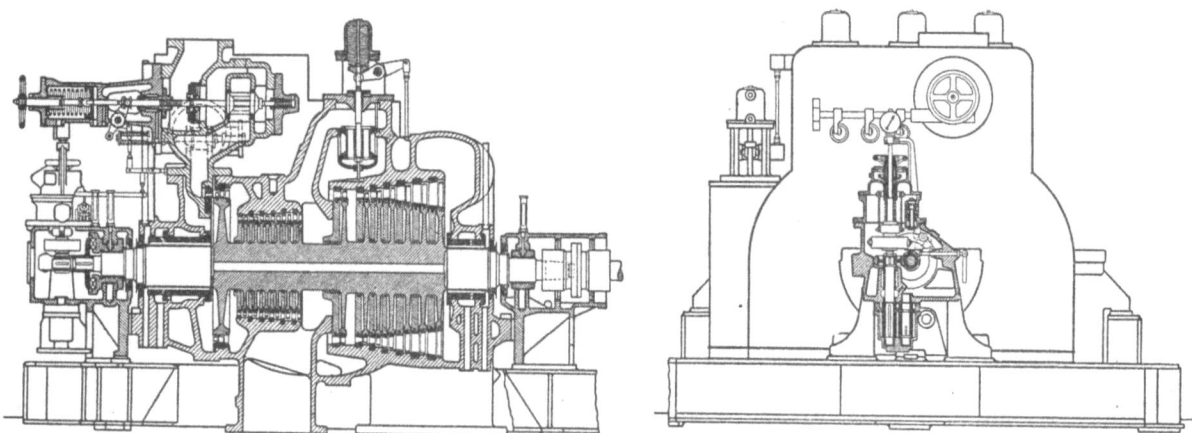

Abb. 170. **Entnahme-Kondensations-Turbine** (Borsig). $N_{el} = 1800$ kW, $n = 6000$ U/min. Übersetzungsgetriebe auf 1500 U/min. Der Läufer in Gleichdruckbauart ist aus einem Stück gefertigt; das Gehäuse besteht aus Spezialgußeisen, die Düsenkästen aus Stahlguß; der Grundrahmen ist aus geschweißtem Stahlblech: die Leitraddüsen sind aus Ni-Stahl gefräßt und in geschmiedete Leitradscheiben eingesetzt, die Laufschaufeln bestehen im HD-Teil aus 5% Ni-Stahl, im ND-Teil aus nicht rostendem Stahl; Labyrinthdichtung in Ganzstahl-Ausführung, innen gegen Einrosten durch Verchromen geschützt. Die 3 Frischdampf-Düsenventile werden von der Spindel des Hauptabsperrventils, das gleichfalls im Düsenkasten sitzt, durch eine Drehwelle mit Hebelübersetzung gesteuert. Von den ND-Ventilen wird das ND-Steuerventil durch ein Ölstrahlrohrrelais und die 3 ND-Düsenventile durch ein Zuggestänge über eine Hebelwelle betätigt.

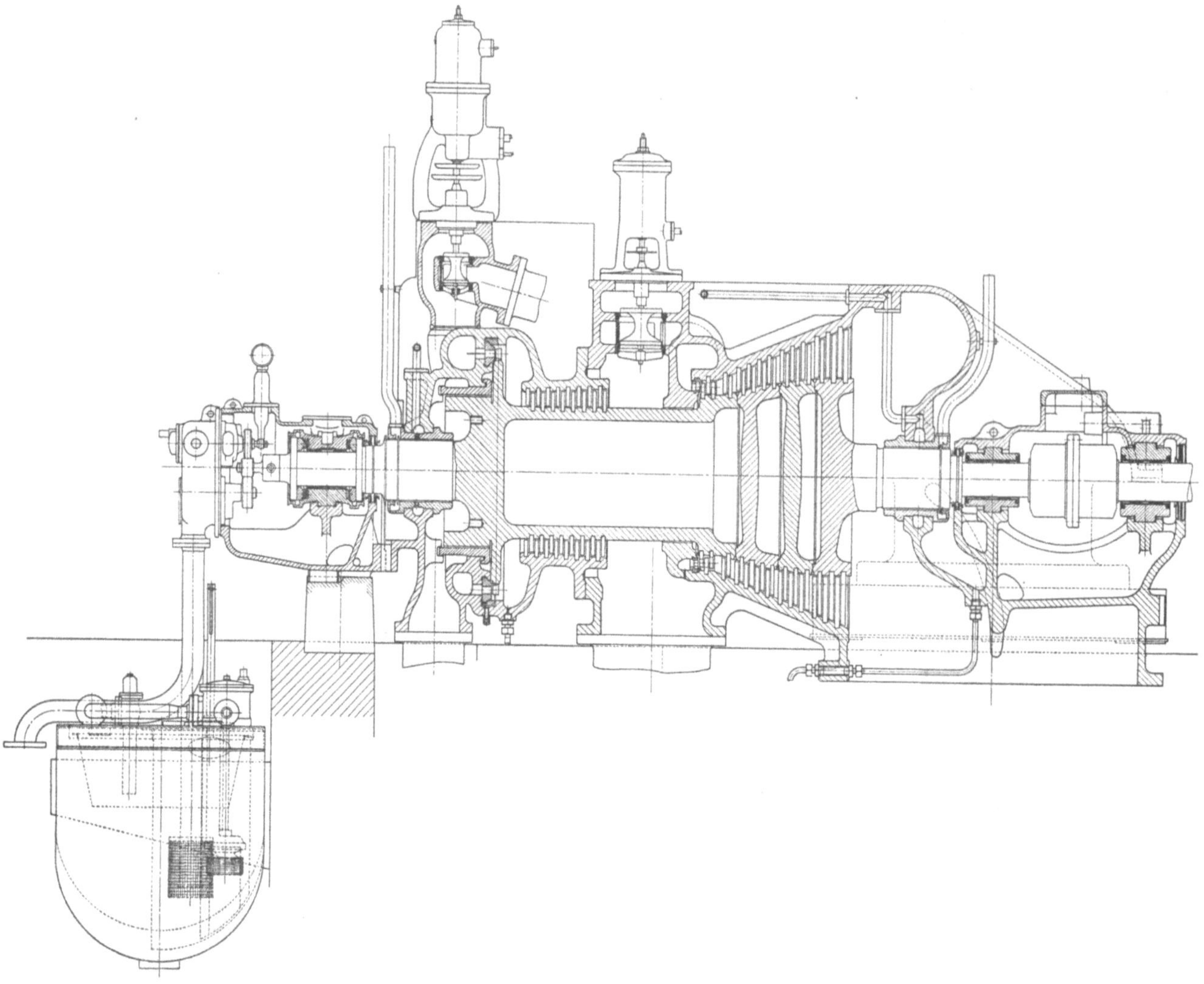

Abb. 171. **Eingehäusige-Entnahme-Kondensationsturbine** (BBC). Hohltrommelläufer mit geschweißtem Trommelläufer gem. Abb. 64 im Gebiet größerer Umfanggeschwindigkeiten. Man beachte auch **die zweikränzige Gleichdruckregelstufe nach dem Entnahmeventil** und die Trennwand mit Innenstopfbüchse am Rotor zwischen Hochdruckteil und Niederdruckteil bzw. hinter der Entnahmestelle.

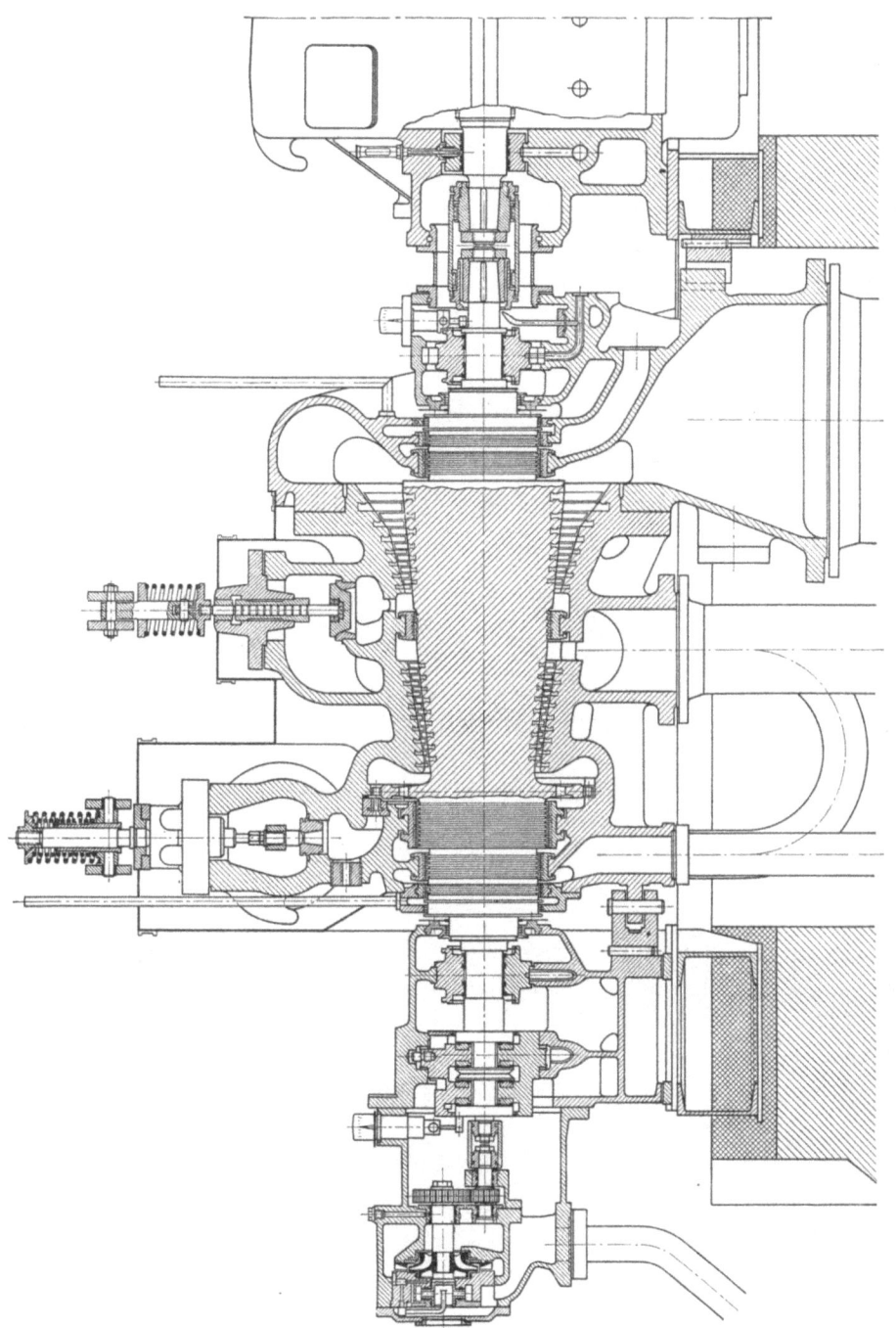

Abb. 172. **Eingehäusige Entnahme-Kondensationsturbine** (SSW) für 630 kW bei 10000 U/min. Massivtrommel mit einkränzigem Gleichdruckregelrad aus einem Stück. Einsitzventile mit Diffusor beim Düsengruppenventil.

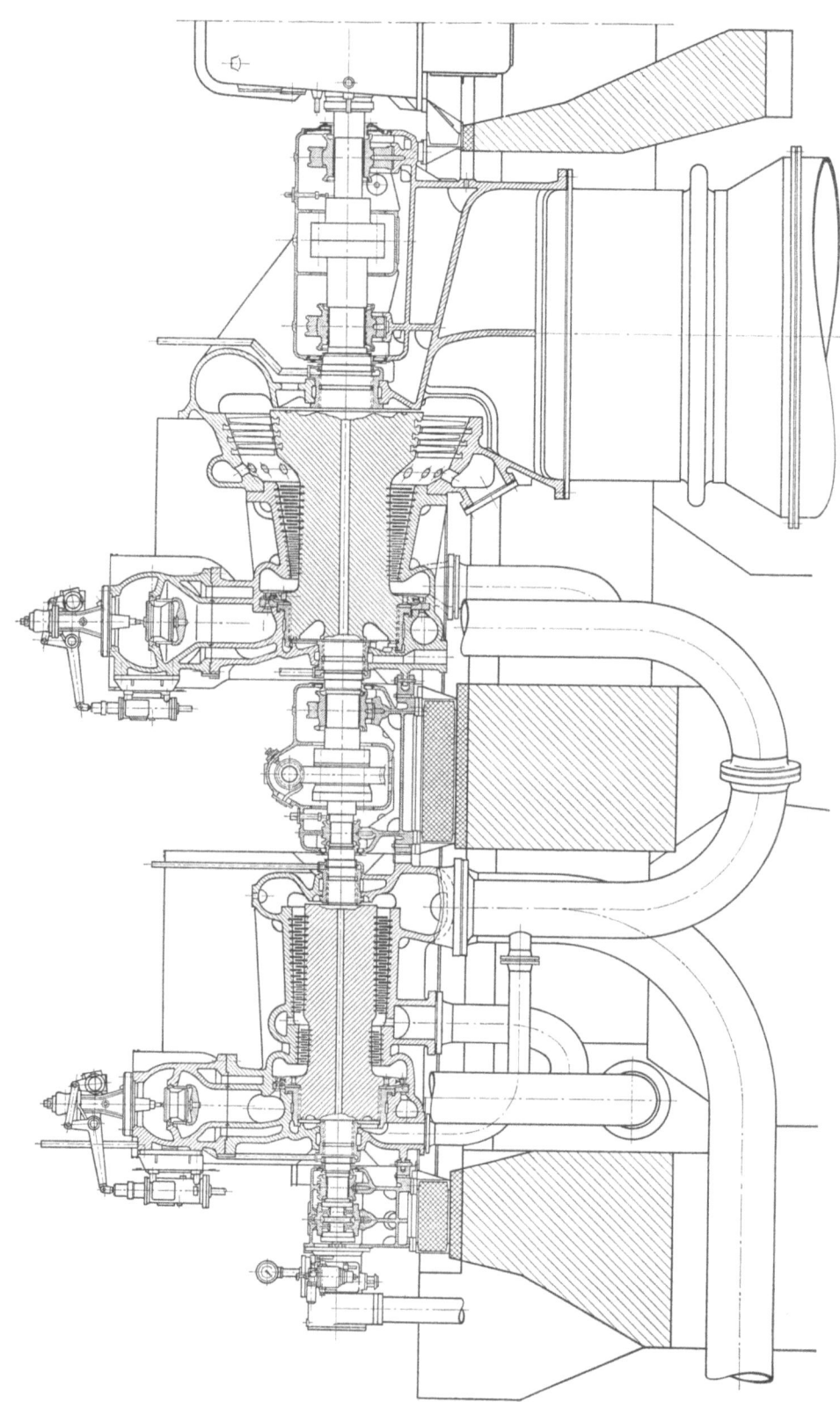

Abb. 173. **Zweigehäusige Entnahme-Kondensationsturbine** (SSW) für 12800 kW bei 3000 U/min. Hausturbine mit gesteuerter Entnahme zwischen HD- und ND-Teil und drei ungesteuerten Anzapfungen zur Speisewasservorwärmung. Man beachte die doppelwandige Ausführung der Dampfzuführung mit Dichtung durch austenitischen Quellring wie in Abb. 152 und die senkrechte Teilung des ND-Gehäuses.

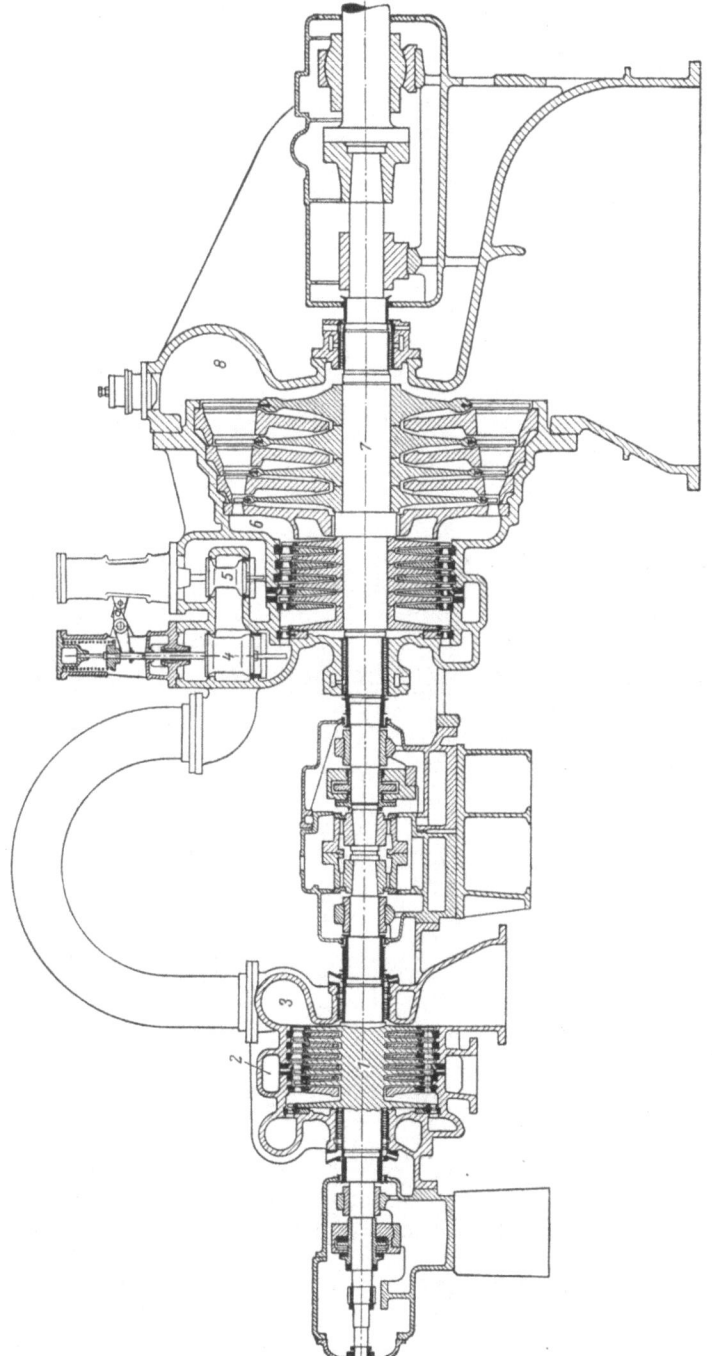

Abb. 174. Zweigehäusige Entnahme-Kondensationsturbine (MAN) für 20000 kW bei 3000 U/min. HD-Teil 1 mit einkränzigem Regelrad und sechs Gleichdruckstufen. Einführung von Überlastdampf bei 2 in die vierte Stufe möglich. 160 t/h Dampfentnahme zwischen HD- und ND-Teil. Drei Düsenventile 4 für ND-Teil 7 und ein Überlastventil 5, das Dampfeintritt zur dritten Stufe des ND-Teiles steuert. Bei Übergang 6 auf größeren Durchmesser im ND-Teil Anzapfung zur Speisewasservorwärmung (11 t/h). Sicherheitsventil auf Abdampfstutzen 8.

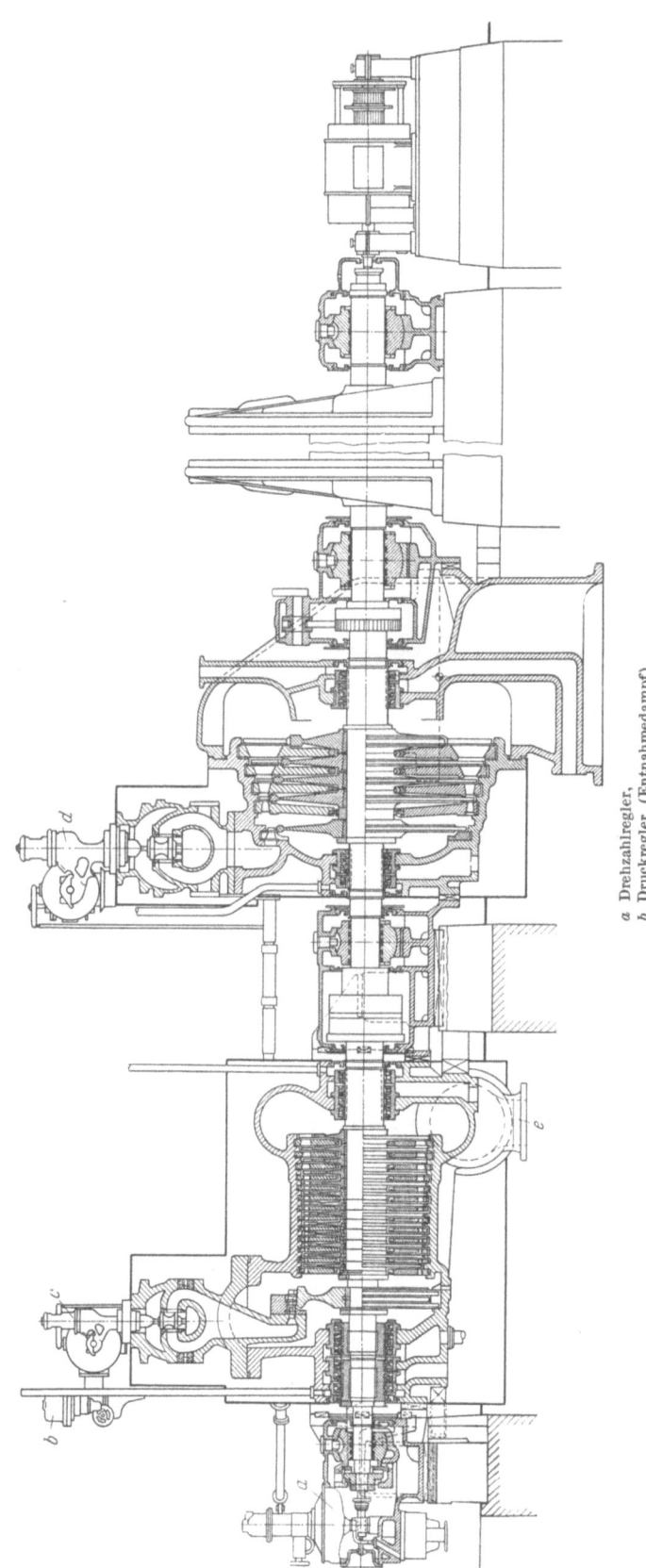

Abb. 174 A. Zweigehäusige Entnahme-Kondensationsturbine (AEG). 15000 kW; 3000 U/min; Frischdampf 68 ata, 500° C. Entnahme 60 t/h bei 3 ata. HD-Gehäuse an beiden Seiten (an der Dampfaustrittsseite nach dem ND-Gehäuse fixiert) mittels hochgezogener Pratzen in Höhe Wellenmitte gelagert. Gemeinsames Drucklager an Dampfeintrittsseite wird bei Wärmedehnung vom Gehäuse mitgenommen. Läufer starr gekuppelt. Läufer dehnen sich zum ND-Ende hin (s. Abb. 103).

a Drehzahlregler,
b Druckregler (Entnahmedampf),
c Frischdampf-Steuerventile,
d Überströmdampf-Steuerventile,
e Entnahmestutzen.

XX. Schiffsturbinen.

Abb. 175a u. b. HD-Teil und ND-Teil mit Rückwärtsturbine einer Schiffsgetriebeturbinenanlage (AEG). 14000 WPS; HD-Teil 7000 U/min; ND-Teil 3800 U/min. Frischdampf 42 ata, 450° C. Anzapfungen zur Speisewasservorwärmung. HD-Läufer aus dem Vollen (s. Abb. 57) mit Nabenabdichtung gem. Abb. 49. Man beachte die Abweisscheibe und den Schutzring hinter der 3-kränzigen Rückwärtsturbine, die verhindern sollen, daß der heiße Abdampf der Rückwärtsturbine auf die kühleren ND-Schaufeln trifft. Laufradbefestigung im ND-Teil gem. Abb. 62.

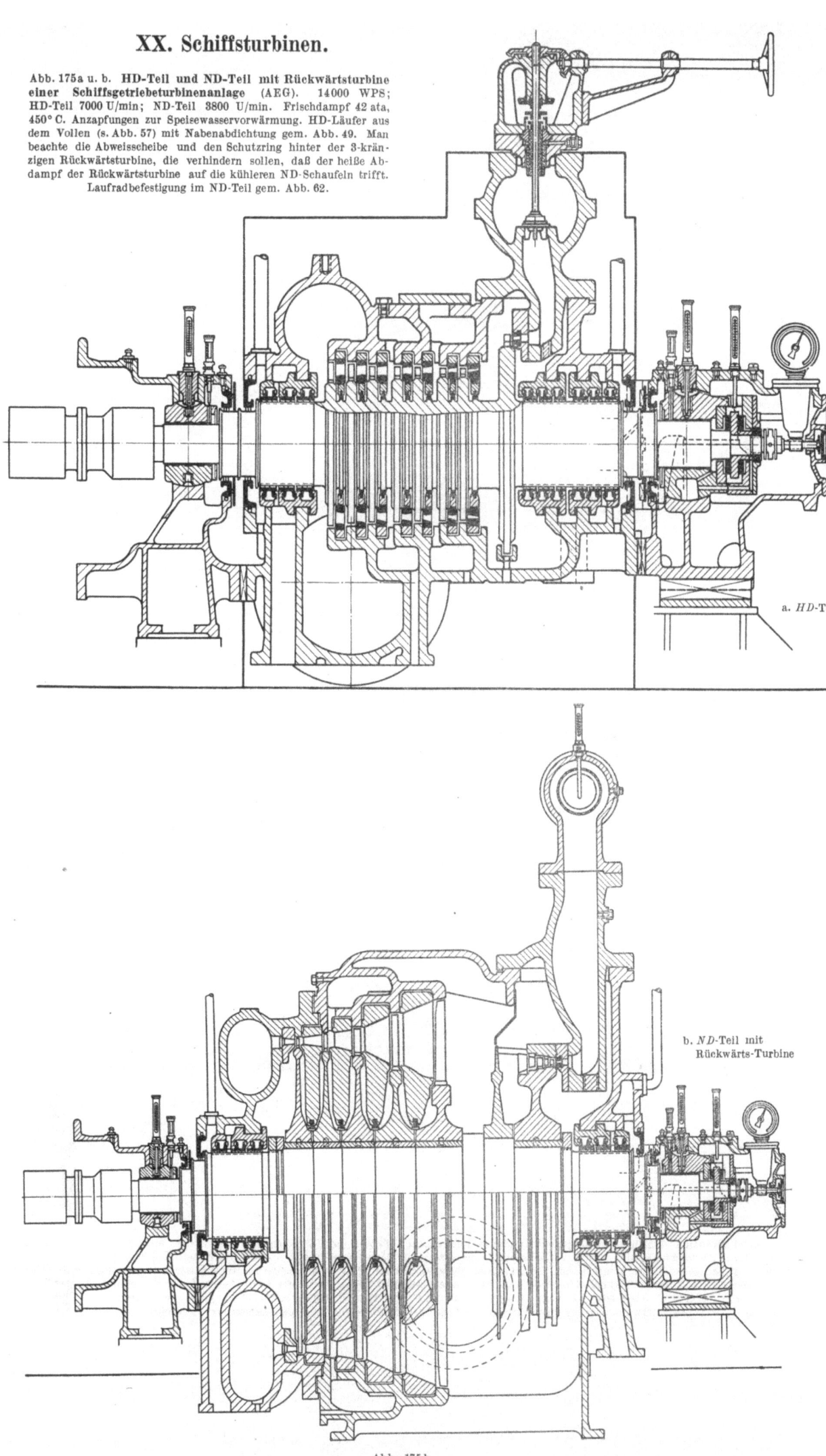

a. HD-Teil

b. ND-Teil mit Rückwärts-Turbine

Abb. 175b.

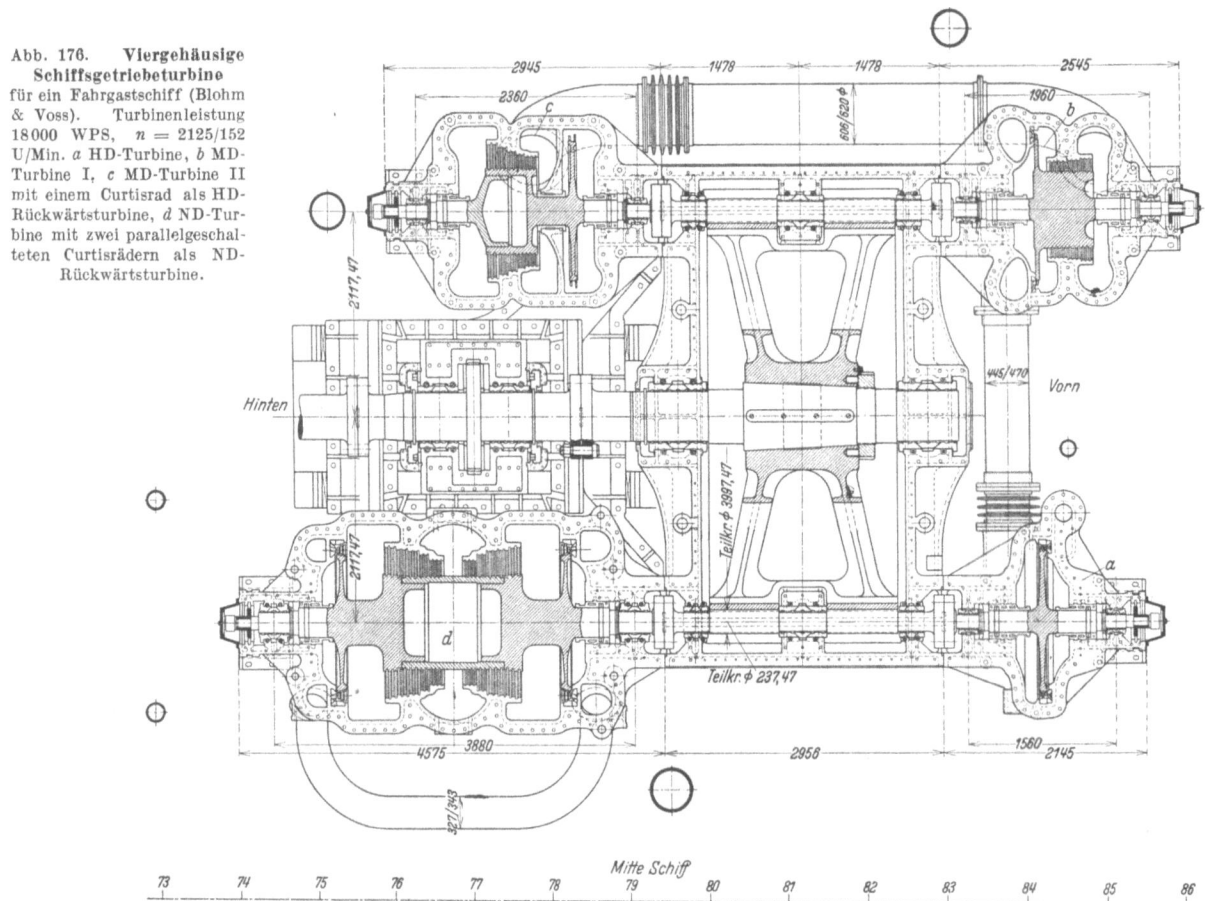

Abb. 176. **Viergehäusige Schiffsgetriebeturbine** für ein Fahrgastschiff (Blohm & Voss). Turbinenleistung 18 000 WPS, $n = 2125/152$ U/Min. a HD-Turbine, b MD-Turbine I, c MD-Turbine II mit einem Curtisrad als HD-Rückwärtsturbine, d ND-Turbine mit zwei parallelgeschalteten Curtisrädern als ND-Rückwärtsturbine.

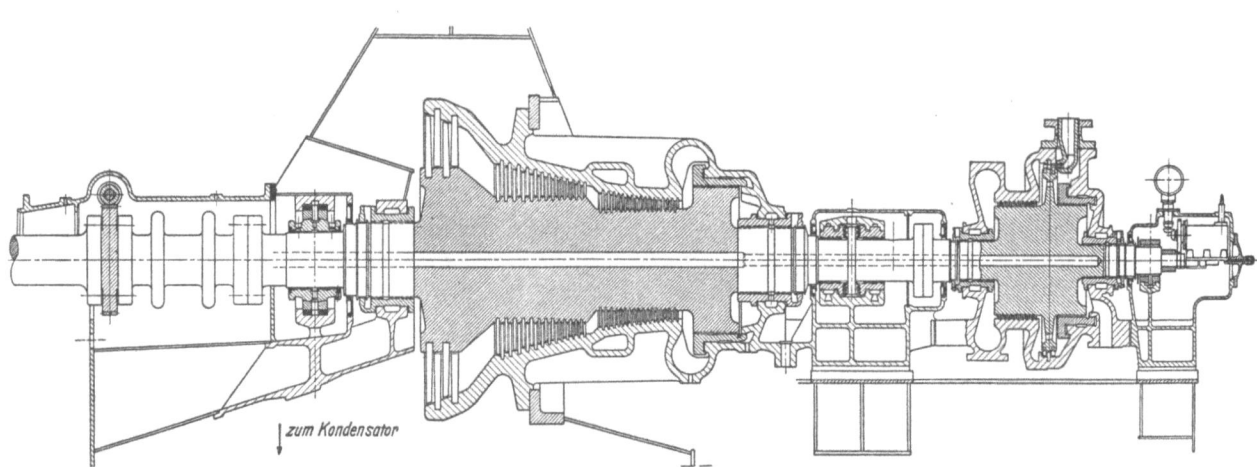

Abb. 177. **Zweigehäusige einflutige Überdruck-Kondensationsturbine** (SSW). (Schiffsturbine für elektrischen Antrieb.) $N_{el} = 10\,000$ kW, $n = 3000$ U/Min. Frischdampf 80 ata, 480° C. Düsenkästen eingesetzt in Gehäuse; man beachte, daß der Ausgleichkolben der Hochdruckturbine fast so lang wie die ganze HD-Beschaufelung ist. Bei der letzten Schaufelreihe der ND-Turbine sind die Eintrittskanten aus Sonderstahl aufgeschweißt, damit sie gegen die zerstörende Wirkung der Wassertröpfchen besser geschützt sind. Abdampfstutzen wegen Gewichtsersparnis als geschweißte Blechkonstruktion ausgeführt. HD-Läufer nur vorn gelagert, hinten starr mit dem ND-Läufer gekuppelt, so daß die zweigehäusige Turbine nur 3 Lager aufweist und das innenliegende ND-Lager als kombiniertes Trag- und Drucklager ausgeführt ist.

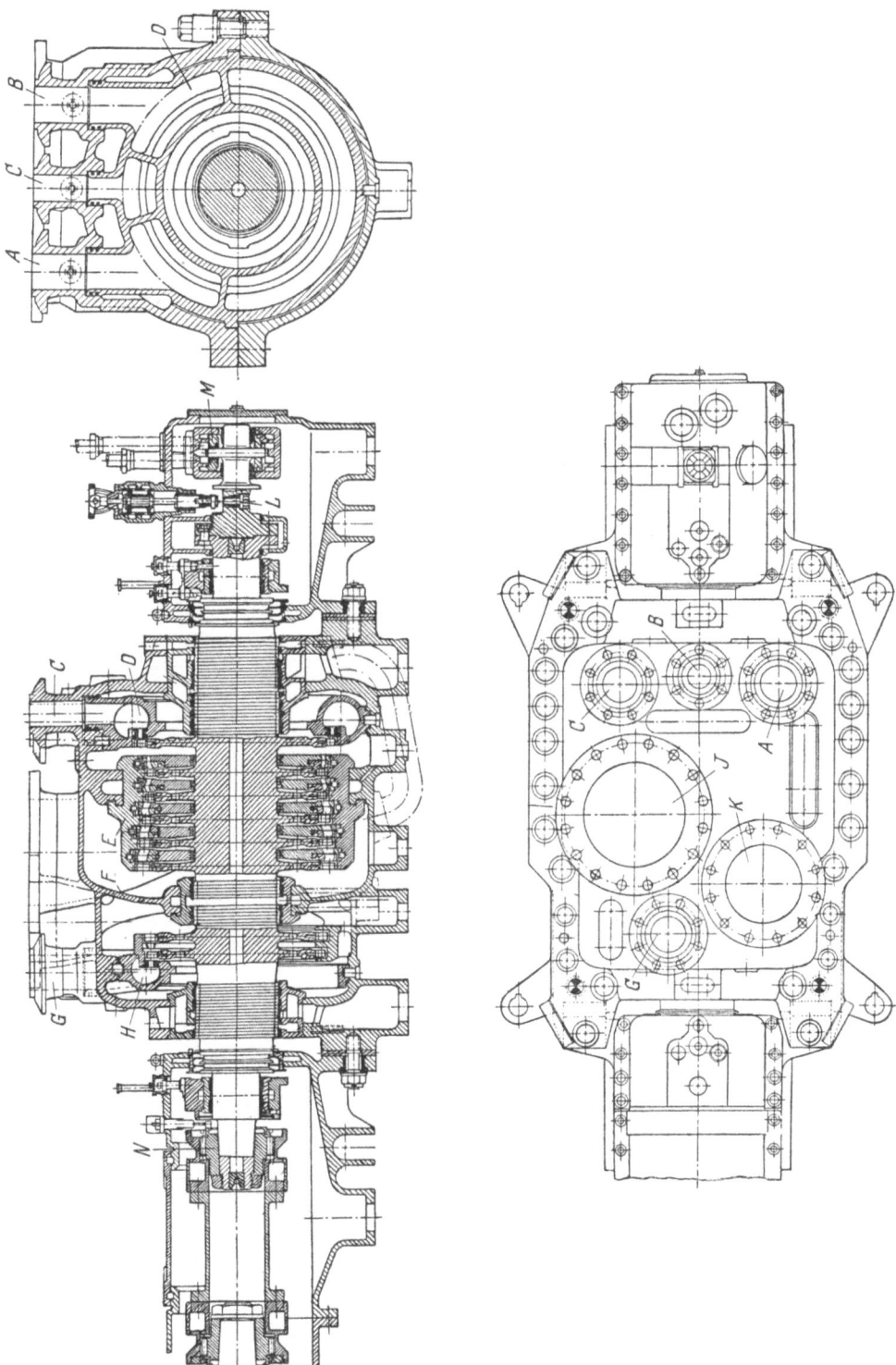

Abb. 178a. **HD-Turbine des Dampfers „Eisenach"** in reiner Aktionsbauart mit Einstückläufer. Frischdampf wird durch Stutzen *A, B, C* mit drei Düsengruppen des freibeweglich und nur in der Teilfuge gelagerten Ringkanals *D* zugeführt. Zur Vereinfachung der Gehäusekonstruktion eingesetzter Leitschaufelträger *E*. Trennwand *F* mit Innenstopfbüchse dichtet zwischen HD-Vorwärts- und HD-Rückwärts-Turbine. Dampfzufuhr zur HD-Rückwärtsturbine durch Stutzen *G* in eingesetzten Ringkanal *H* mit nur einer Düsengruppe. Abdampfstutzen *J* und *K*, Schnellschlußregler *L*, Drucklager *M* und Zahnkupplung *N*, welche den Turbinenrotor mit dem Getrieberitzel verbindet.

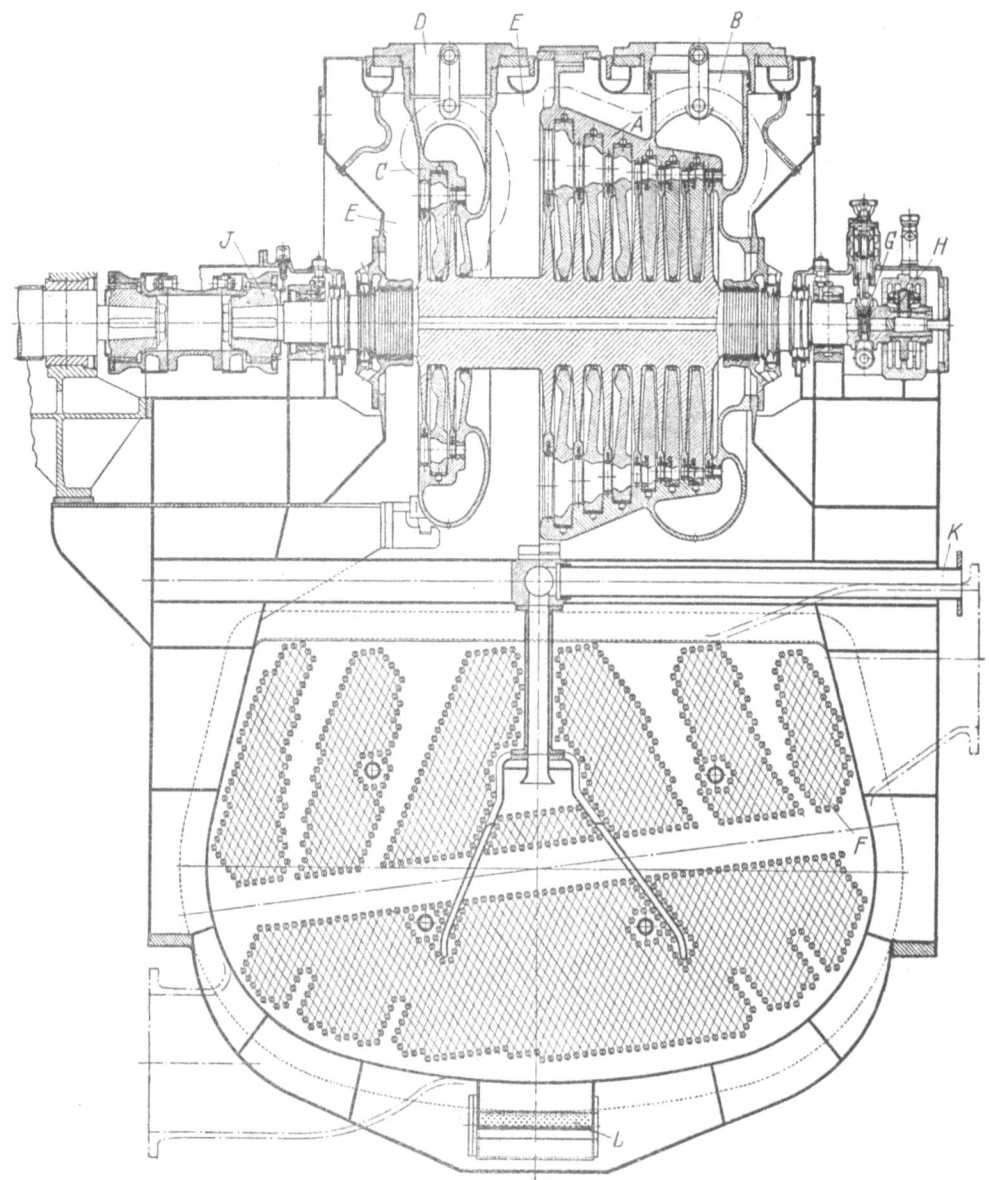

Abb. 178b. **ND-Turbine des Dampfers „Eisenach"** in Gleichdruckbauart mit Einstückläufer. Schaufelträger A mit Dampfzuführungsstutzen B der ND-Vorwärts-Turbine aus einem Stück und wie auch der Einsatzkörper C der ND-Rückwärtsturbine mit Dampfzufuhr bei D freibeweglich im Gehäuse gelagert. Der Abdampf der Vorwärts- und Rückwärts-Turbine strömt über das **geschweißte** Abdampfgehäuse E zum geschweißten Kondensator F. Der Abdampf der ND-Rückwärts-Turbine strömt nicht zur ND-Vorwärtsturbine hin, damit bei Rückwärtsfahrt der heiße Abdampf nicht auf die letzten Schaufeln der Vorwärts-Turbine trifft. Luftstaubsaugung über K, Kondensatabfuhr über Siebrohr L; Schnellschlußregler G, Drucklager H, Zahnkupplung J wie bei HD-Turbine.

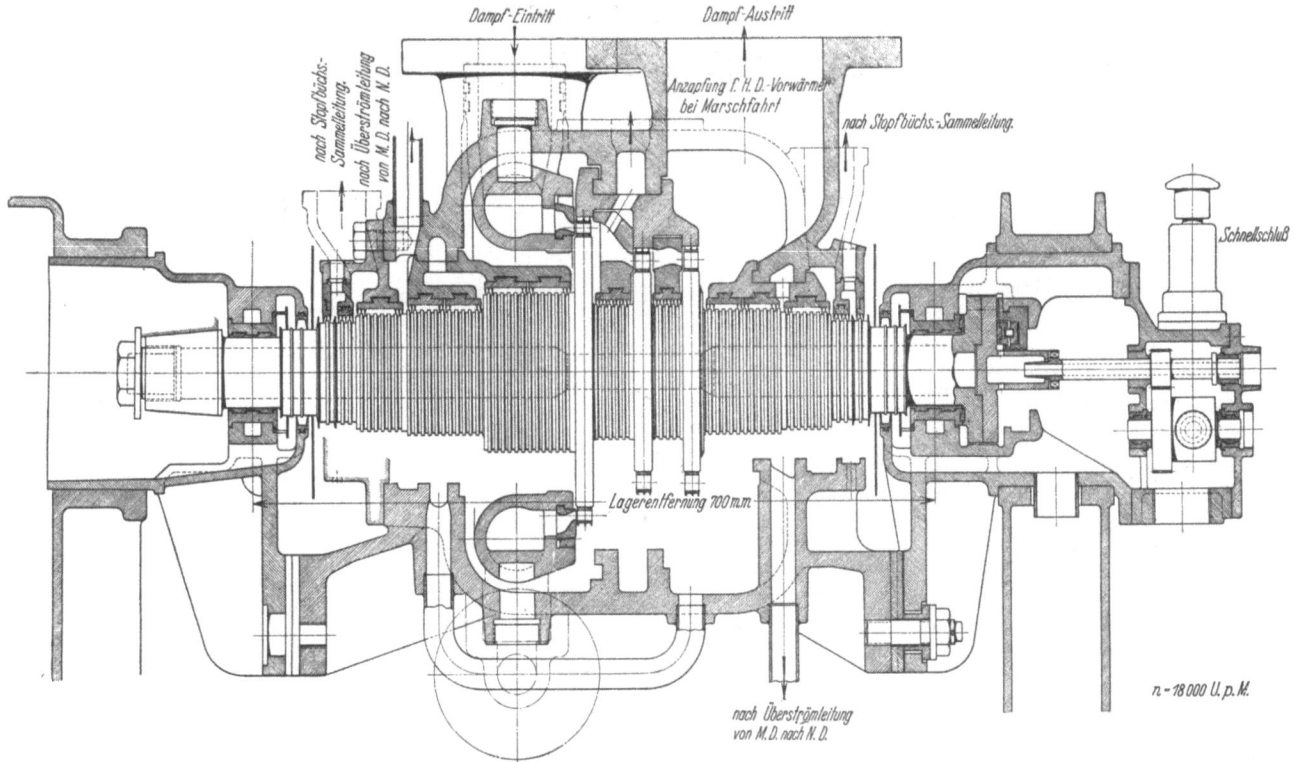

Abb. 179. **Hochdruckteil der Dampfturbinenanlage** für ein Fahrgastschiff (Wagner, Schichau). (Neuere Bauart.) Der dreistufige HD-Teil läuft mit 18000 U/Min. Die Turbine ist so berechnet, daß sie bei Vollast und Normaldrehzahl mit Reaktion läuft, während sie bei kleiner Leistung (und kleiner Drehzahl), die für die Wirtschaftlichkeit noch wichtig ist, als reine Aktionsturbine läuft. Dadurch arbeitet die Beschaufelung in einem großen Drehzahlbereich immer in der Nähe des Wirkungsgrad-Maximums. Um die Undichtigkeitsverluste klein zu halten, sind verhältnismäßig lange Zwischenabdichtungen und Stopfbüchsen notwendig. Um ein Verziehen des HD-Gehäuses mit den relativ kleinen Abmessungen durch die verhältnismäßig starren Anschlußrohrleitungen zu vermeiden, ist das Gehäuse nachgiebig gelagert, und zwar längs verschieblich und drehbar in zylindrischen Hohlzapfen.

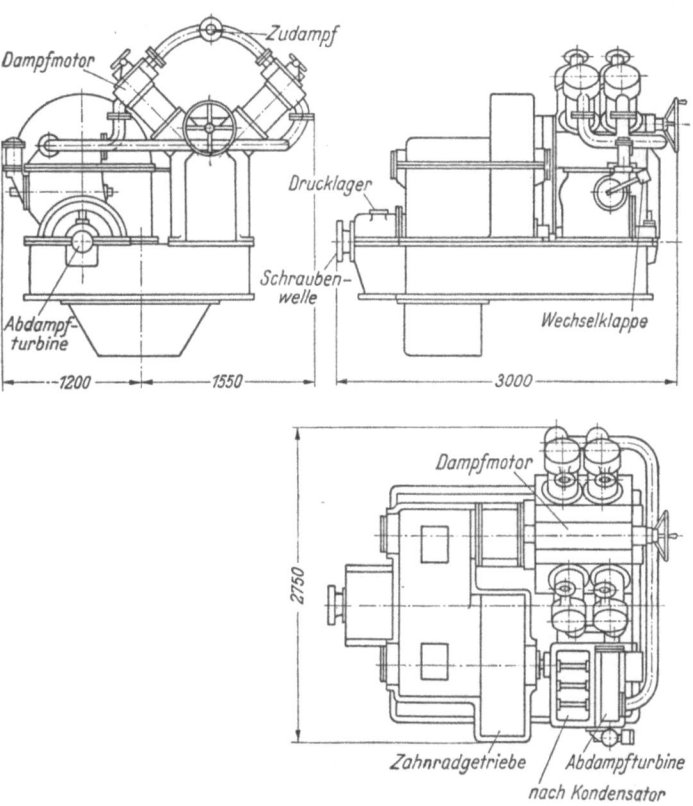

Abb. 180. **Entwurf einer Getriebedampfmaschine mit Abdampfturbine für Schiffsantrieb** von Rembold (750 WPS) bestehend aus 4-Zylinder-V-Dampfmotor (400 PSi) und Abdampfturbine (400 PSi) mit 5000 U/Min. Die Steuerwelle des Dampfmotors ist verschiebbar und trägt für je 2 Zylinder einen Nockensatz für Vor- und Rückwärtsfahrt.

B. Radialturbinen.
XXI. Ljungströmturbine (MAN-Gegenlaufturbine)

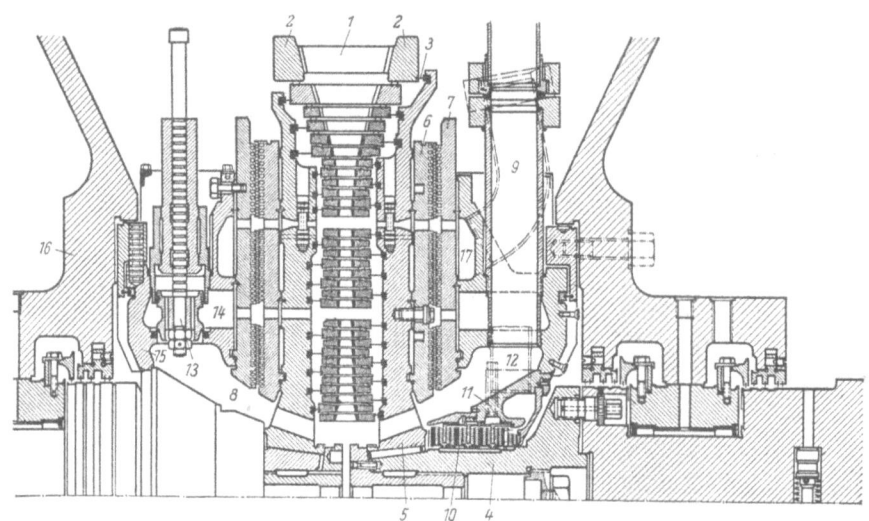

Abb. 181. **Ljungström-Kondensationsturbine** (MAN) für 3000 kW bei 3000 U/min. Die beiden Laufzeughälften sind gegenläufig und arbeiten mit Reaktionsgrad $\varrho = 1$. Die Schaufeln *1* sind im Verstärkungsring *2* befestigt, welche über angewalzte Dehnungsringe *3* mit den auf den Wellenzapfen *4* sitzenden Turbinenscheiben *5* nachgiebig verbunden sind. An diesen Turbinenscheiben sind zentrisch die dem axialen Druckausgleich dienenden umlaufenden Labyrinthscheiben *6* befestigt, welche über die ganze Fläche Stege aufweisen. Diese umlaufenden Stege ragen in die Zwischenräume der Stege in den feststehenden Labyrinthscheiben *7* und dichten so gemeinsam den Frischdampfraum *8* gegen den Abdampfraum ab. Frischdampfzuführung durch Rohre *9*, Dampfströmung von innen nach außen. Abdichtung des Frischdampfraumes *8* nach außen durch Tannenbaum-Wellendichtung *10* mit Sperrdampfzuführung *11* und Leckdampfabführung *12*. Überlastventil *13* steuert inneren Bypaß über den Überlastraum *14*. Da der gesamte Schaufelungskörper wesentlich höhere Temperaturen aufweist als Außengehäuse *16* ist er an beiden Enden *15* wärmebeweglich und zentrisch über Radialbolzen mit diesem Außengehäuse verbunden. Ungesteuerte Entnahme über Ringraum *17*. Die beiden gegenläufigen Laufzeughälften treiben je einen Generator. Durch den vollkommen rotationssymmetrischen Aufbau der Turbine treten sehr geringe Relativdehnungen im Laufzeug auf, was die Ausführung kleiner Spiele zwischen den Laufringen in den Labyrinthscheiben und in den Wellendichtungen zwischen 0,2 bis 0,4 mm gestattet.

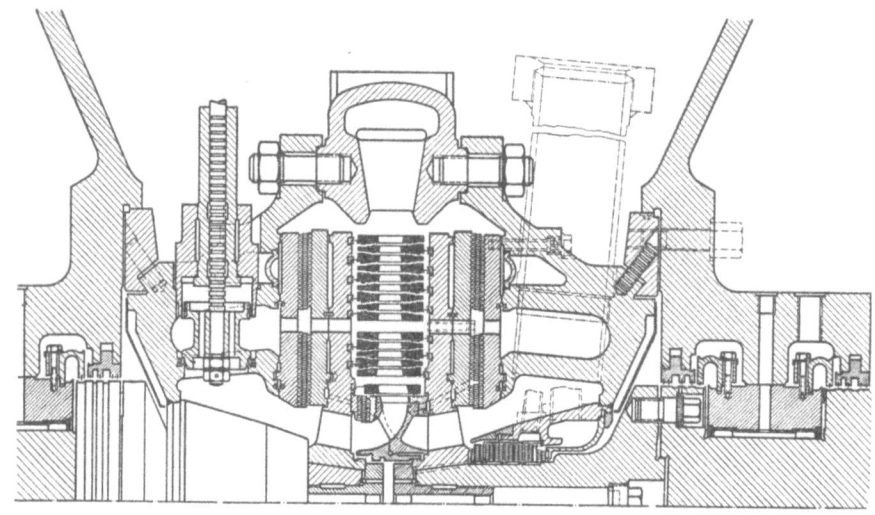

Abb. 182. **Ljungström-Gegendruckturbine mit Laufdüsenregelung** (MAN) für 5400 kW bei 3000 U/min. Frischdampf 37 ata, 470°C; Gegendruck 13 ata. Zur Entlastung des Außengehäuses ist mit Rücksicht auf Gegendruck das Innengehäuse ohne waagerechte Teilfugen und Flansche in sich dampfdicht geschlossen Verbindung beider Gehäuse wärmebeweglich und zentrisch über Bolzen, die gegen die Turbinenachse geneigt sind, um auch axiale Dehnungen des Innengehäuses zu berücksichtigen. Man beachte die sog. „Laufdüsenregelung", die manchmal bei Gegendruckturbinen Anwendung findet, wobei der erste Schaufelring teilbeaufschlagt wird, oder der erste und zweite Schaufelring mit zwei nebeneinanderliegenden voneinander getrennten Schaufelgruppen ausgerüstet ist. (Teilbeaufschlagung in der Schaufelung der ersten beiden Stufen.)

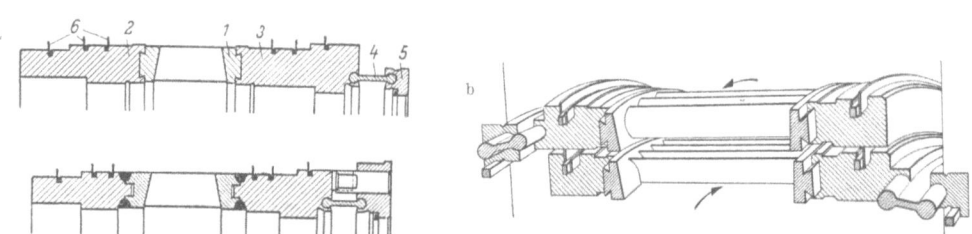

Abb. 183 a u. b. **Geschweißte Schaufelringe** für die inneren und mittleren Radialstufen einer Gegenlaufturbine (MAN). Die Schaufelenden werden in vorgestanzte Löcher der Schweißringe *1* eingesteckt und mit diesen verschweißt. An die Schweißringe werden Schwalbenschwänze angedreht, die in Schwalbenschwanznut der Verstärkungsringe *2* und *3* eingewalzt werden. Damit sich die auftretenden Wärmedehnungen in der Schaufelung frei auswirken können, sind die Verstärkungsringe über Dehnungsringe *4* und Befestigungsringe *5* in den Nuten der Turbinenlaufscheiben mittels Stemmdrahtes befestigt. Die Dehnungsringe haben hantelförmigen Querschnitt und können den Temperaturdifferenzen zwischen Verstärkungsring und Turbinenlaufscheibe durch kegelige Aufweitung nachgeben. Zur Abdichtung zwischen den Verstärkungsringen erhalten diese an der äußeren Fläche beiderseits zwei bis drei Dichtungsbleche *6* aus Chromeisen, welche in Nuten mit Draht eingestemmt sind. Bei HD-Stufen werden die Verstärkungsringe mit dem Schweißring nicht zusammengewalzt sondern verschweißt, um im Gebiet hoher Temperaturen die Walzkanten zu entlasten.

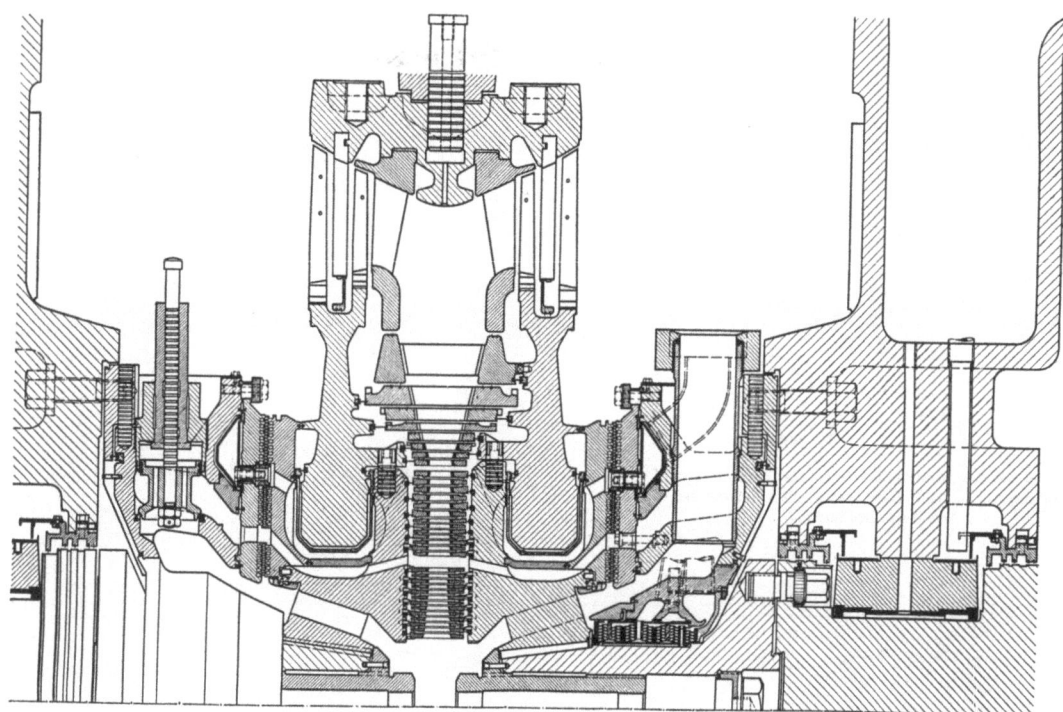

Abb. 184. **Ljungström-Kondensations-Turbine mit einer ungesteuerten Anzapfung** (MAN) für 32000 kW bei 3000 U/min. Frischdampf 57 ata 500°C. Rein radiale Bauart kann für eine gegenläufige Kondensationsturbine nur bis etwa 4000 kW ausgeführt werden. Für größere Leistungen ist wegen des großen Durchsatzvolumens in den letzten Stufen die Nachschaltung eines doppelflutigen Axialteiles notwendig. Die Laufscheiben des Axialteiles, die auch die letzten Radialstufen tragen, sind durch Radialbolzen mit den einteiligen Scheiben des inneren Radialteiles verbunden. Befestigung der Schaufeln im Axialteil gem. Abb. 37.

Abb. 185. **Gefräste Schaufelringe** für die Radialstufen mit größerer Umfanggeschwindigkeit. Hier werden an Stelle der Schaufelbefestigung in Schweißringen (Abb. 183) die Schaufeln mit beiderseits angeschweißten Fußplatten in schwalbenschwanzartige nach außen konisch sich verengende Nuten der Verstärkungsringe eingesetzt, so daß die Schaufeln durch die Fliehkraft fest eingepreßt werden.

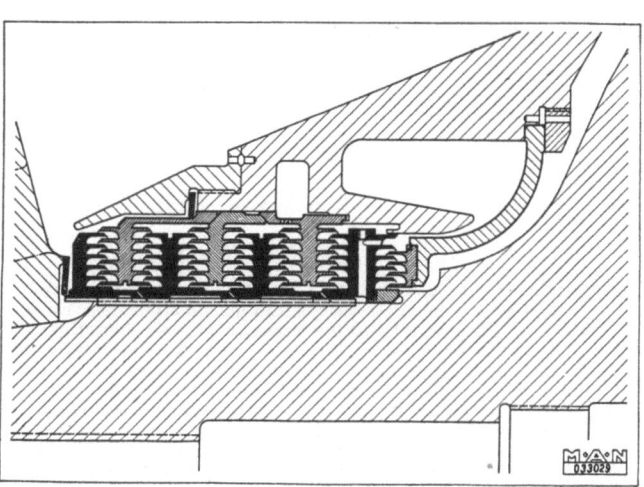

Abb. 186. **Stopfbüchse einer Gegenlaufturbine.** Die nachgiebige tannenbaumförmige Konstruktion gestattet, eine große Anzahl von Drosselstellen bei kurzer Baulänge unterzubringen; dabei bleibt der Läufer axial frei beweglich, weil die Dichtungen nur radial dichten. (Vergl. Abb. 184.)

Abb. 187. **Schaufelprofile einer Gegenlaufturbine**; günstige strömungstechnische Form (Tropfenform) und hohes Widerstandsmoment.

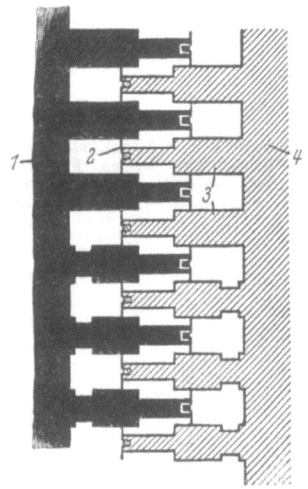

Abb. 188. **Labyrinthdichtung an den Druckausgleichscheiben.** Chromeisenstreifen 2 sind in die ineinandergreifenden Stege 3 der Ausgleichscheiben 1 und 4 eingestemmt.

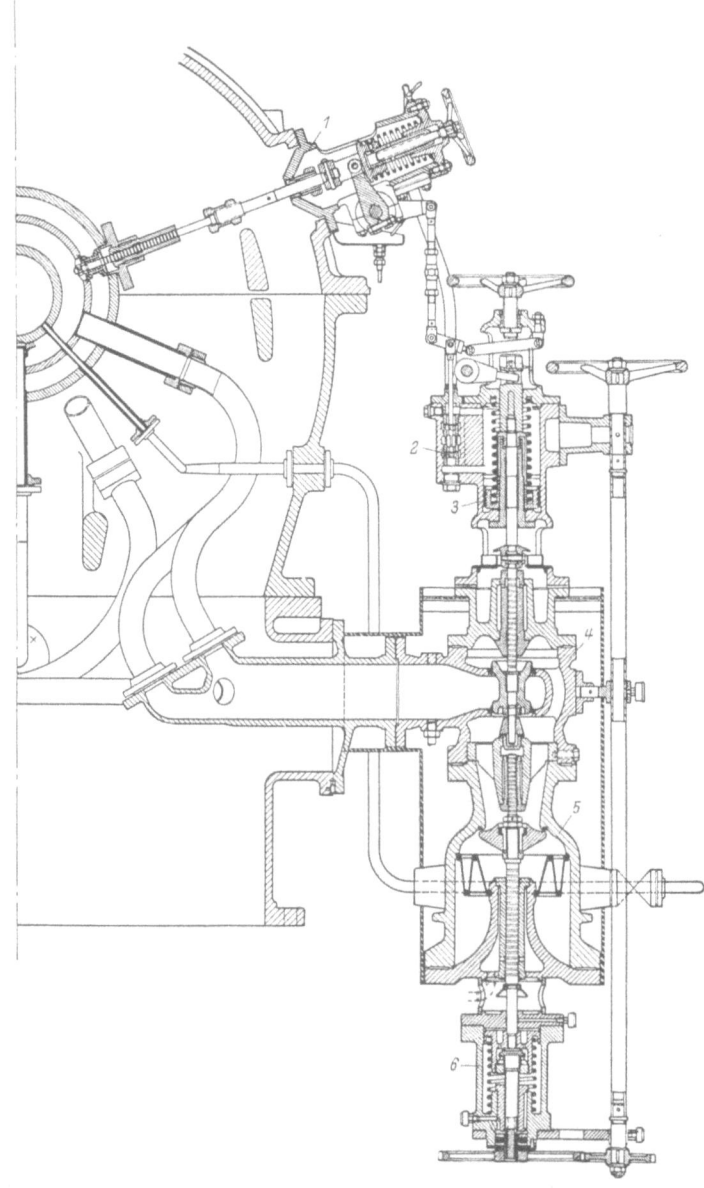

Abb. 189. **Ventilanordnung für kleinere und mittlere Ljungströmturbinen (MAN).** Der Dampf strömt durch das Siebgehäuse über das Schnellschlußventil zu den Regel- und Überlastventilen.

1 Überlastventil
2 Steuerschieber für Überlastventil
3 Kraftzylinder
4 Hauptregelventil
5 Schnellschlußventil mit vorgeschaltetem Dampfsieb
6 Schnellschlußauslösung.

XXII. Siemens-Einläufer-Radial-Turbine (SSW)

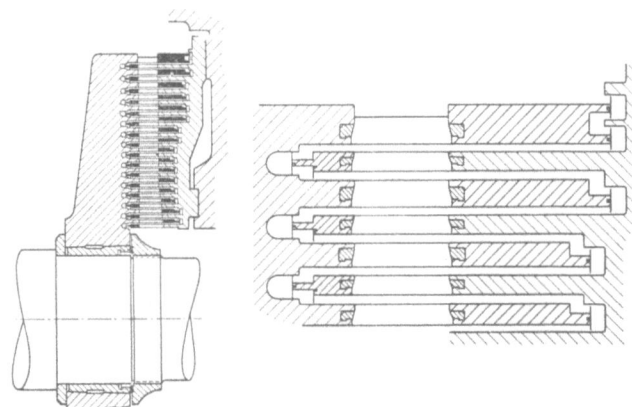

Abb. 190. **Schaufelplan und Spaltabdichtung der Siemens-Radial-Turbine.** Die Schaufeln für Leit- und Laufzeug werden an beiden Enden in Schaufelstege eingeschweißt und überdreht. Diese Schaufelstege werden auf der einen Seite in entsprechende Nuten der aus den Radscheiben vorstehenden Ringe eingewalzt, auf der anderen Seite wird ein umlaufender Ring aufgewalzt. Dieser Ring trägt als Abdichtung gegenüber der anderen Scheibe zwei eingewalzte Nickelblech-Dichtungsstreifen. Die Schaufeln haben alle möglichst die gleiche Länge; die durch die Ausdehnung des Dampfes bedingte Vergrößerung des Durchgangsquerschnittes wird durch Änderung der Schaufelwinkel erhalten.

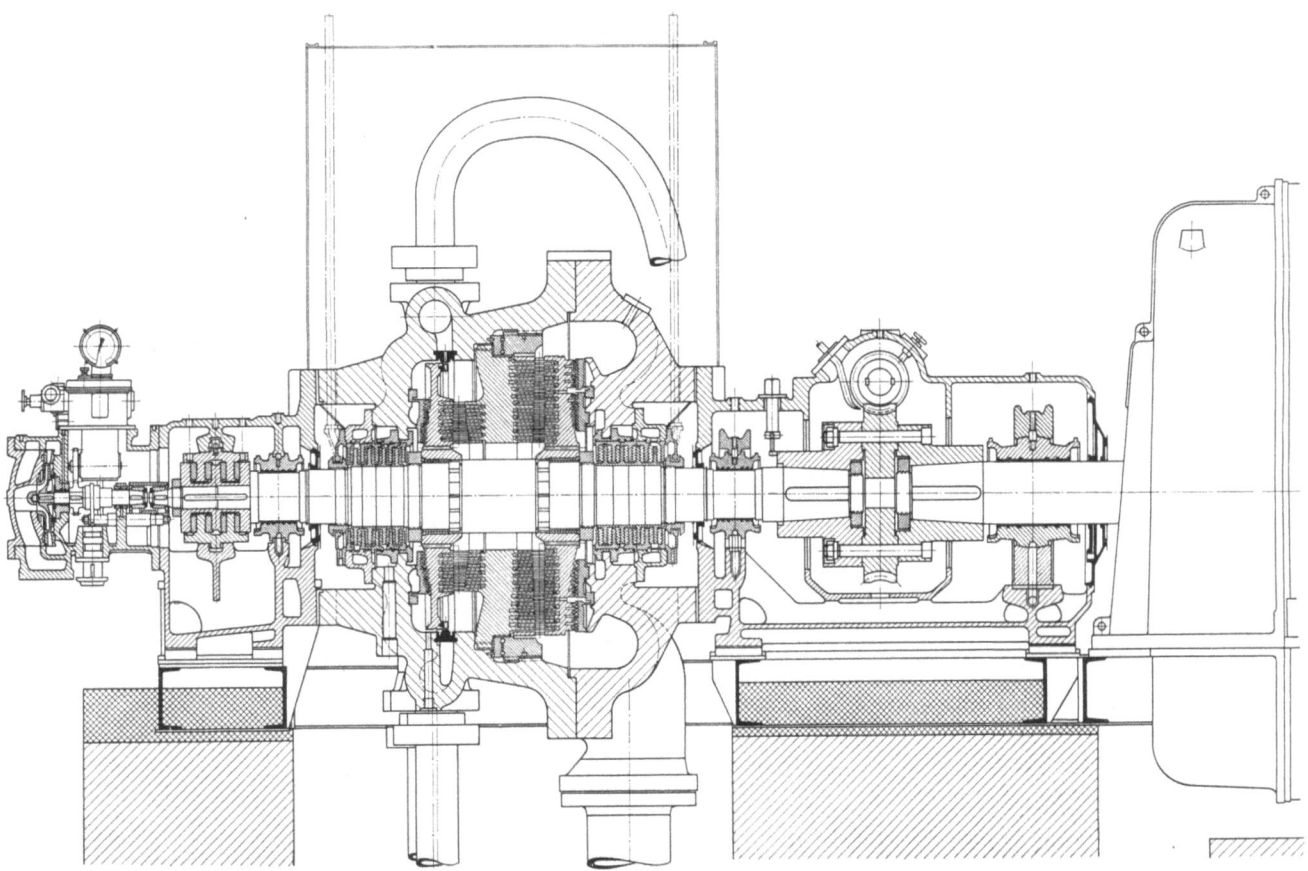

Abb. 191. **Einläufer-Radialturbine** (SSW) für 9000 kW bei 3000 U/min. Die Turbine, die mit Reaktion arbeitet, ist nicht gegenläufig wie die Ljungströmturbine sondern hat festen Leitapparat, der hier mittels radialer Zähne im Gehäuse zentrisch und wärmebeweglich eingehängt und durch Bajonettverschluß gehalten ist, wobei zur Dichtung austenitische „Quellringe" eingelegt sind. Gehäuse nur an Rundflansch auf der ND-Seite geteilt. Sehr wärmeelastische Konstruktion, besonders geeignet für hohe Drücke und Temperaturen. (s. Abb. 154).

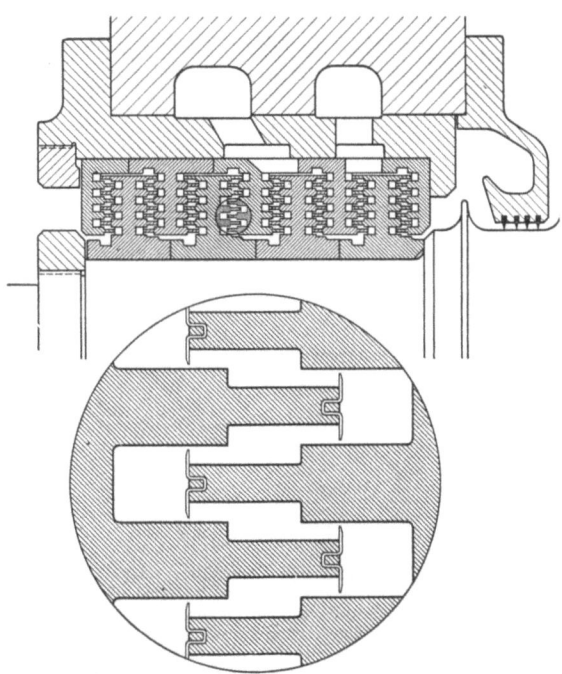

Abb. 192. **Außenstopfbüchse der SSW-Radialturbine.** Der Aufbau ist, ähnlich wie derjenige der Ljungströmstopfbüchse, sehr elastisch und gestattet auf kürzester Baulänge sehr viele Dichtungsstellen unterzubringen, die nur radial abdichten, so daß der Läufer axial frei beweglich bleibt (s. Abb. 186).

C. Schaltungen von Dampfturbinen.

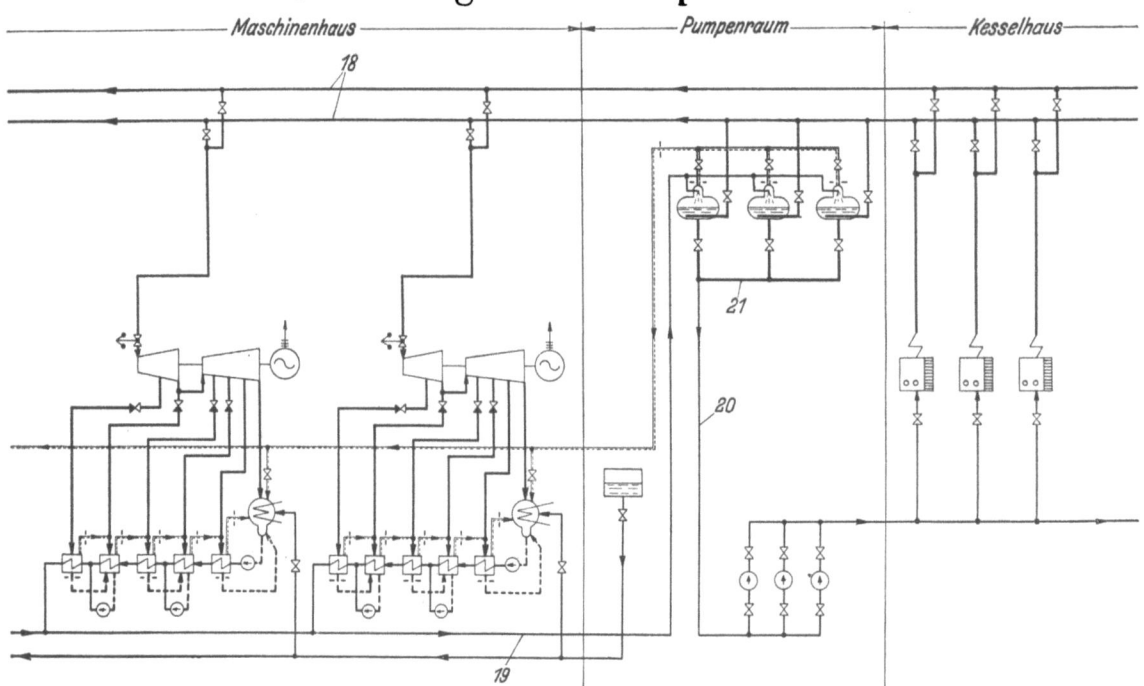

Erklärung der Symbole in Abb. 195.

18 Dampfsammelleitungen
19 Speisewassersammelleitung
20 Speisepumpensaugleitung
21 Ausgleichsleitung für Mitteldruckgefäße.

Abb. 193. **Schaltungs-Schema mit Speisewasser-Anzapfdampf-Vorwärmung bei „Sammelbetrieb"** (getrennter Kessel- und Turbinenbetrieb) (BBC). Die gegenseitige Verbindung der Elemente bei Sammelbetrieb durch Ring- und Sammelleitungen für Dampf, Wasser und Luft ergibt viele Störungsmöglichkeiten durch verwickeltes Rohrleitungssystem mit vielen Armaturen. Hohe Anlagekosten. In jeder Turbinengruppe wird das Kondensat auf die gewünschte Speisetemperatur vorgewärmt und in einem gemeinsamen oder mehreren untereinander verbundenen hochgelegenen Mitteldruckgefäßen gespeichert. Die Speisepumpen werden möglichst tief unterhalb der Mitteldruckgefäße angeordnet um beim Ansaugen des Wassers mit hoher Temperatur Verdampfung und folgende Wasserschläge zu vermeiden. Die Kessel werden unabhängig vom Turbinenbetrieb aus diesen Mitteldruckgefäßen gespeist. Hochdruck-Vorwärmer sind hier nicht möglich, weil den Kesseln und Speisepumpen einzeln keine Turbinen zugeordnet sind.

1,2 Turbine
3 Kondensatpumpe
4 Frischdampfleitungen
5 Düsengruppenventil
6 Stopfbüchsendampfleitungen, in denen ein Druck von wenig über Atmosphärendruck gehalten wird
7,8 Hand- oder automatisch betätigte Ventile zum Einstellen des Druckes in 6
9 Stopfbüchsen-Absaugeleitungen, in denen ein Druck von wenig unter Atmosphärendruck herrscht
10 Ventilator zur Erzeugung des Unterdruckes in 9 und 11
11 Schwadenkondensator
12 Luftabsaugeleitung
13 Leckdampf-Kondensat-Leitung
14 Dampfstrahlluftpumpe des Kondensators
15 Kühler

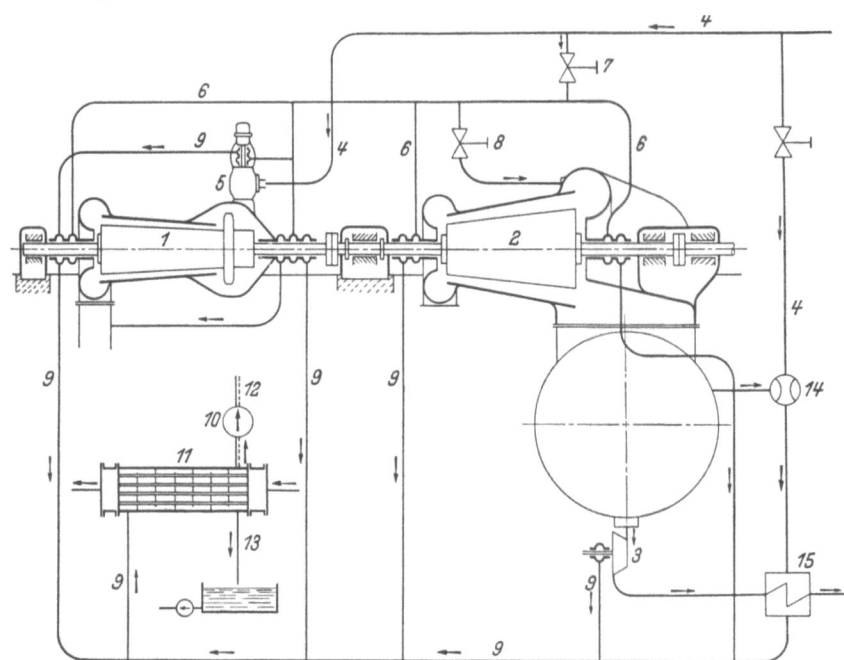

Abb. 194. **Schaltungs-Schema für Rohrleitungen zur Verminderung der Wasserverluste bei Dampfturbinen** (BBC). An Stelle der Stopfbüchsenkamine, die, falls nicht laufend nachreguliert wird, ziemlich viel Dampf ins Freie abblasen, werden bei größeren Anlagen Verbindungsleitungen von allen nach außen gehenden Labyrinthdichtungen der Dampfturbinen, Ventile und Pumpen zu einem tiefgekühlten Schwadenkondensator vorgesehen. Der Stopfbüchsenleckdampf und etwas Luft von außen werden durch diese Leitungen in den Schwadenkondensator 11 gesaugt, in dem durch einen Ventilator ein kleiner Unterdruck unterhalten wird. Der Dampf wird dort niedergeschlagen und die auf ca. 20 bis 30° C abgekühlte Luft mit ihrer Feuchtigkeit durch den Ventilator abgesaugt. Als Luftpumpe des Hauptkondensators ist hier ein Dampfsauger verwendet, dessen Abwärme in dem Kühler 15 an das Kondensat übergeht. Kondensat und Schwaden aus diesem Kühler mit der aus dem Kondensator abgesaugten Luft werden zum Schwadenkondensator geleitet. Mit diesen Maßnahmen wird der Wasserverlust auf wenige Promille der Speisewassermenge verringert, was die Speisewasserwirtschaft des Kraftwerkes außerordentlich erleichtert.

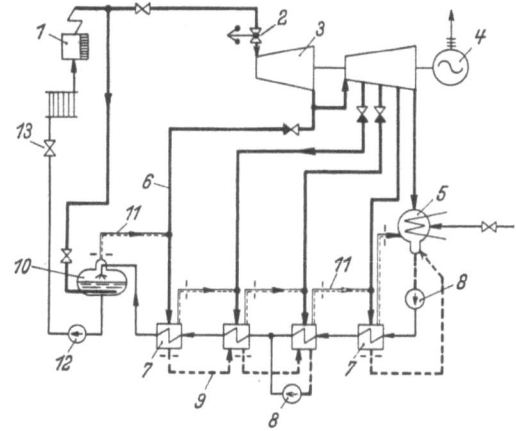

1 Kessel mit Speisewasservorwärmer, Überhitzer und Luftvorwärmer,
2 Turbinenregelung,
3 Dampfturbine,
4 Generator,
5 Kondensator,
6 vier Anzapfleitungen,
7 vier Speisewasservorwärmer,
8 Kondensatpumpen,
9 Kondensatrücklauf,
10 Mitteldruckgefäß,
11 Luftabsaugeleitung,
12 Kesselspeisepumpe,
13 Speiseventil.

Abb. 195. **Schaltungs-Schema mit Speisewasser-Anzapfdampf-Vorwärmung bei kleinen und mittleren Dampfdrücken für „Blockbetrieb"** (ein Kessel, eine Turbine mit Kondensations- und Vorwärmeranlage, ein Generator mit Erreger, Ventilator, Kühler und ein Transformator bilden eine geschlossene Einheit) (BBC). Blockanlage ergibt sehr kurzes und einfaches Rohrleitungsnetz mit wenig Armaturen und Störungsquellen, kleinen Rohrleitungsverlusten und geringem Lufteintritt in den Wasser-Dampf-Kreislauf. Geringe Anlagekosten. Deshalb heute meist bei Neuanlagen Blockbetrieb bevorzugt. Eine der Belastung entsprechende Menge von Dampf bzw. Speisewasser zirkuliert vom Kessel durch Turbine, Kondensator, Vorwärmeranlage und Speisepumpe zurück zum Kessel. Heizung der Vorwärmer durch Anzapfdampf paßt immer zur durchströmenden Kondensatmenge, da sich mit wechselnder Belastung auch die Anzapfdampfdrücke entsprechend ändern. Bei den Kesseln mit größerem Wasserraum wird jedoch die Speisung meist unabhängig vom Speisewasserrücklauf gewünscht. Deshalb ist hier als Puffer zwischen Kondensatrücklauf und Speisepumpe noch ein Mitteldruck-Sammelgefäß geschaltet, in dem vorgewärmtes Speisewasser von etwa 3—5 ata und 130—150° C für 10—20 min Vollastbedarf Platz hat. Das Kondensat wird unabhängig von der Speisung in dieses Mitteldruckgefäß gefördert. Das Anzapfdampf-Kondensat wird (wie auch in Abb. 196 und 193) teils durch Blenden in den vorhergehenden Vorwärmer, teils zur Erhöhung des Wirkungsgrades (vollkommene Übertragung der Flüssigkeitswärme an das Speisewasser) durch Kondensatpumpen in die Speisewasserleitung gefördert. Die Speisewasservorwärmer und das Mitteldruckgefäß werden (wie auch in Abb. 196 und 193) über Leitungen, die Blenden enthalten, mit dem Kondensator verbunden, um die eingetretene Luft an diesem Ort des niedrigsten Dampfdruckes und damit höchsten Partialdruckes der Luft zu sammeln. Hier wird die Luft an der kältesten Stelle durch einen Wasser- oder Dampfstrahlluftsauger abgesaugt (s. Abb. 194).

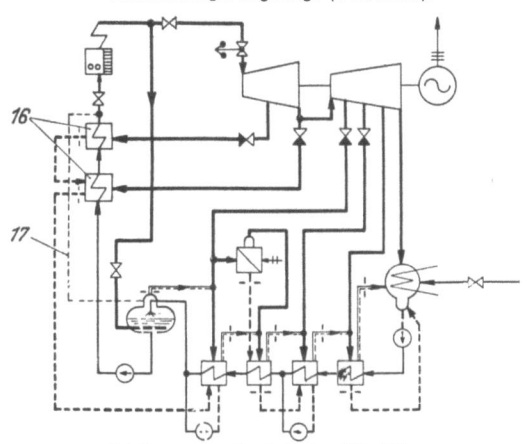

Erklärung der Symbole in Abb. 195.
16 zwei Hochdruckvorwärmer,
17 Durchflußsicherung für die Hochdruckvorwärmer.

Abb. 196. **Schaltungs-Schema mit Speisewasser-Anzapfdampf-Vorwärmung für Blockbetrieb bei hohem Druck und hoher Speisewasservorwärmung** (BBC). Das Speisewasser wird in den Niederdruck-Vorwärmern bis etwa 140° C erwärmt und in das Mitteldruckgefäß bzw. den Entgaser mit 4—5 ata gepumpt. In zwei Hochdruckvorwärmern, die in die Speisepumpendruckleitung geschaltet sind, wird das Speisewasser weiter auf 220—240°C erwärmt. Wegen des hohen Wasserdruckes sind die Hochdruck-Vorwärmer sehr schwer und teuer. Um zu hohe Temperaturen und damit Verdampfen des Speisewassers und Wasserschläge in den Hochdruck-Vorwärmern zu verhüten, wenn Kesselspeisung vermindert oder ganz unterbrochen wird, ist Rücklaufleitung 17 vorgesehen, durch die in diesem Falle das hochvorgewärmte Speisewasser zum Mitteldruckgefäß zurückfließen kann. Wegen der betrieblichen und konstruktiven Schwierigkeiten bei Hochdruck-Vorwärmern empfiehlt sich für mittlere Dampfdrücke meist eine Beschränkung der Vorwärmtemperatur auf 80—190° C, die gemäß Abb. 195 allein mit Niederdruck-Vorwärmern erreicht werden kann. Führung des Anzapfdampfkondensates und der eingedrungenen Luft wie in Abb. 195.

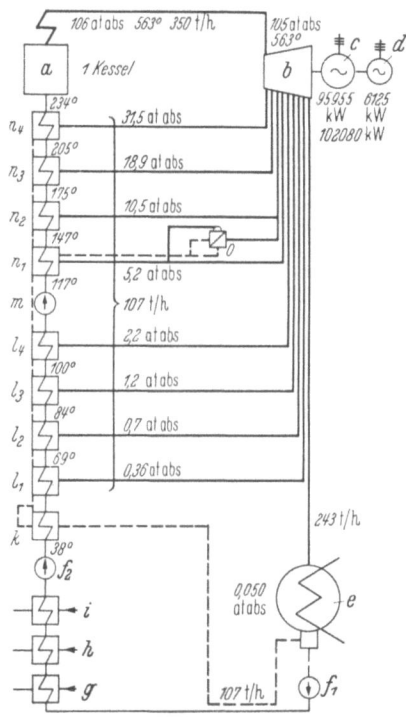

a Kessel,
b Turbine,
c Stromerzeuger 96000 kW,
d Hausgenerator 6000 kW,
e Kondensator,
f_1 Kondensatpumpe,
f_2 Zubringerpumpe,
g Wrasenkondensator,
h Stromerzeugerkühler,
i Ölkühler,
k Kondensatkühler,
l_1 bis l_4 Niederdruck-Vorwärmer,
m Kesselspeisepumpe,
n_1 bis n_4 Hochdruckvorwärmer,
o Verdampfer.

Abb. 197. **Schaltungsschema** des Kraftwerkes Sewaren (USA) mit 8-stufiger Speisewasser-Anzapfdampfvorwärmung. Blockschaltung (ein Kessel gehört zu einer Turbine). Die Kondensationsturbine ist 8 mal angezapft zur Speisewasservorwärmung auf 234° C. Diese hohe Vorwärmung bewirkt neben einer Verbesserung des thermischen Prozeßwirkungsgrades auch eine Verringerung der durch die letzte Turbinenstufe strömenden Dampfmenge (auf ca. 60—70% der Frischdampfmenge). Hierdurch kann für eine Einwellenmaschine die Grenzleistung, die durch die Schluckfähigkeit der letzten Stufe gegeben ist, sogar bis auf etwa 200 MW bei einer Drehzahl von 3000 bis 3600 U/min erhöht werden. Im vorliegenden Fall beträgt die größte Schaufellänge 584 mm bei 3600 U/min und einer Umfangsgeschwindigkeit von 425 m/sec bezogen auf die Schaufelspitze.

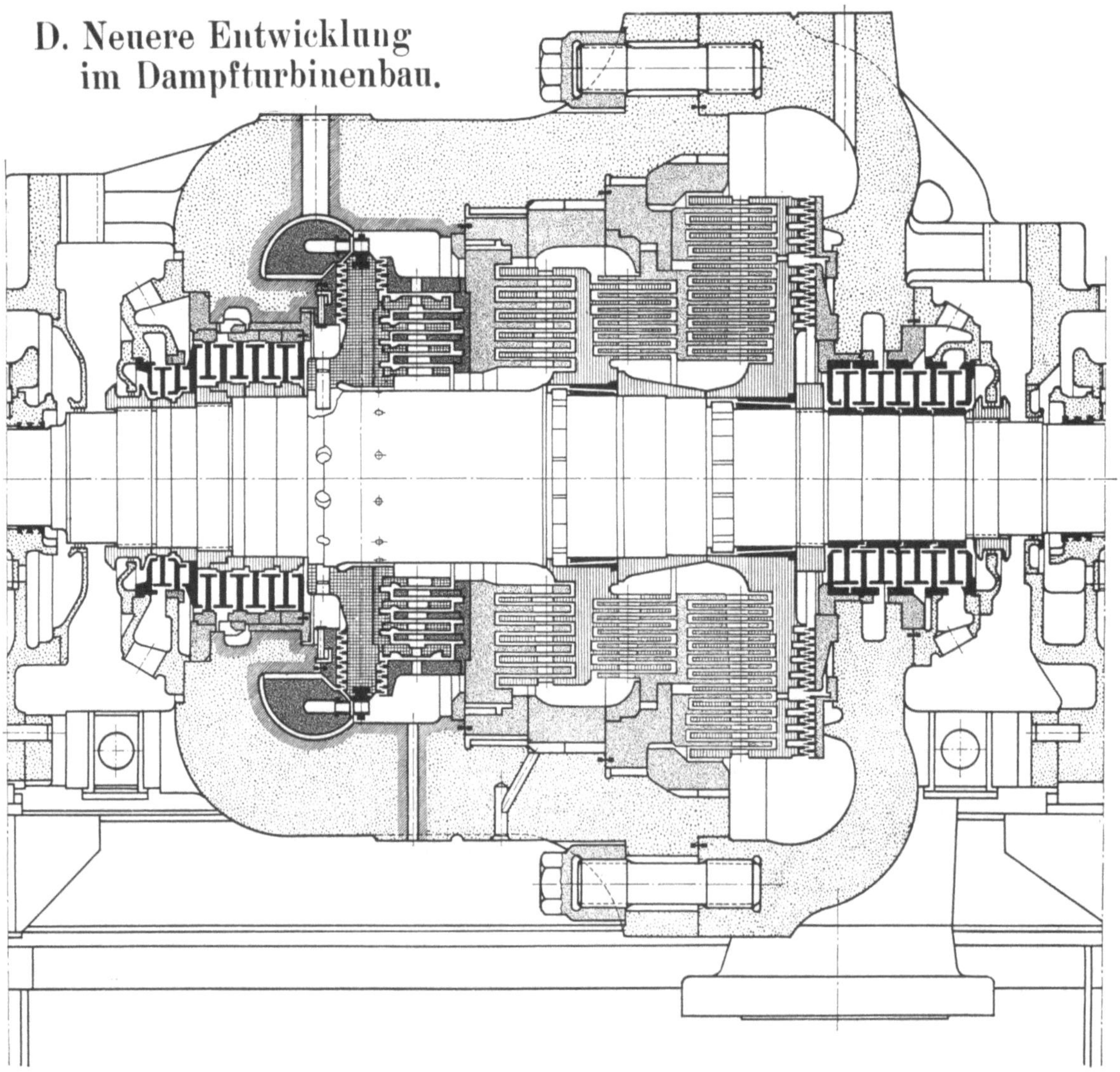

D. Neuere Entwicklung im Dampfturbinenbau.

Abb. 198a. **Hochdruck-Hochtemperatur-Radial-Vorschaltturbine (SSW).** Für $N_{el} = 11,4$ MW und $n = 3000$ U/min, Frischdampfdruck 160 atü, Frischdampftemperatur 610° C, Gegendruck 30 atü. Topfgehäuse aus ferritischem Stahlguß mit an den thermisch hochbeanspruchten Stellen alitierter Oberfläche um ein Verzundern derselben zu vermeiden. Man beachte die große Wanddicke des Gehäuses. Düseneinsätze und Laufradscheibe der ersten Stufen aus hochhitzebeständigem austenitischen Werkstoff. Verbindung des Topfgehäuses mit Deckel durch Dehnschrauben. Befestigung der ersten Laufradscheibe auf der Turbinenwelle mittels Radialbolzen, um wärmeelastische und doch feste Verbindung zwischen diesen beiden Maschinenelementen zu gewährleisten. Elastische Befestigung der Leitschaufelträger mittels Bajonettringen im Topfgehäuse. Abdichtung durch Quellringe aus austenitischem Material.

Zu Abb. 198a—c u. Abb 199.

- } Ferrite
- } Austenite
- Ferritischer Stahlguß
- Alitierte Oberfläche
- Mit Stellit gepanzerte Ferrite

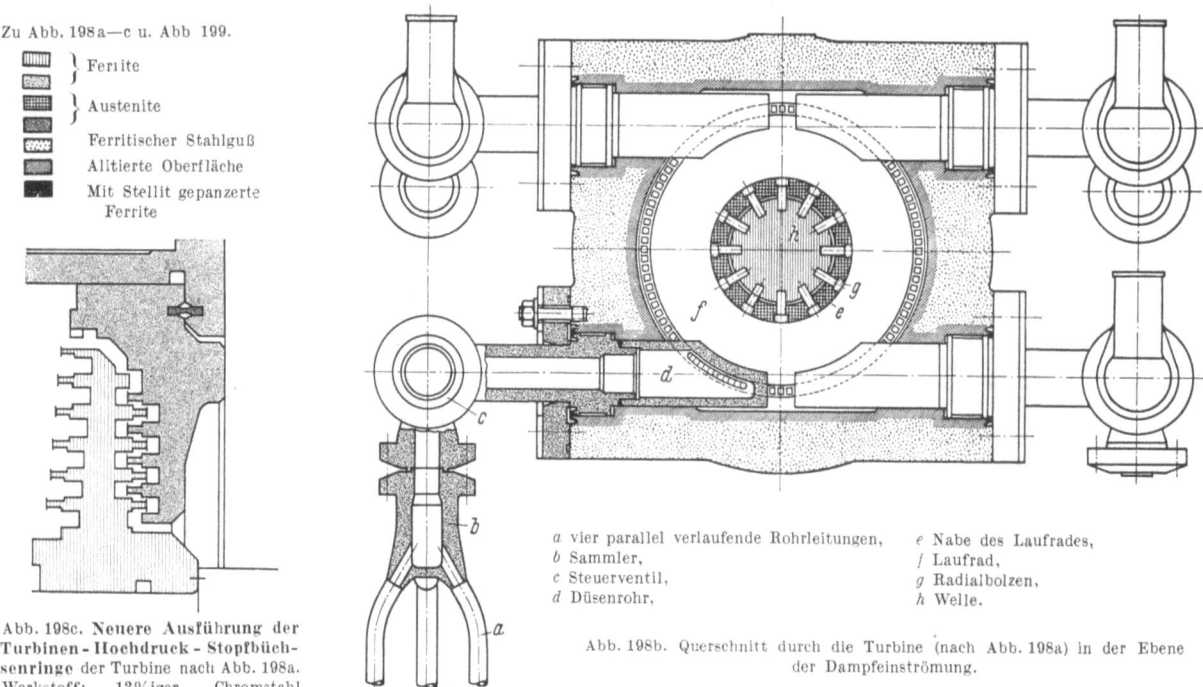

Abb. 198c. Neuere Ausführung der Turbinen-Hochdruck-Stopfbüchsenringe der Turbine nach Abb. 198a. Werkstoff: 13%iger Chromstahl X 20 CrMo 13.

a vier parallel verlaufende Rohrleitungen,
b Sammler,
c Steuerventil,
d Düsenrohr,
e Nabe des Laufrades,
f Laufrad,
g Radialbolzen,
h Welle.

Abb. 198b. Querschnitt durch die Turbine (nach Abb. 198a) in der Ebene der Dampfeinströmung.

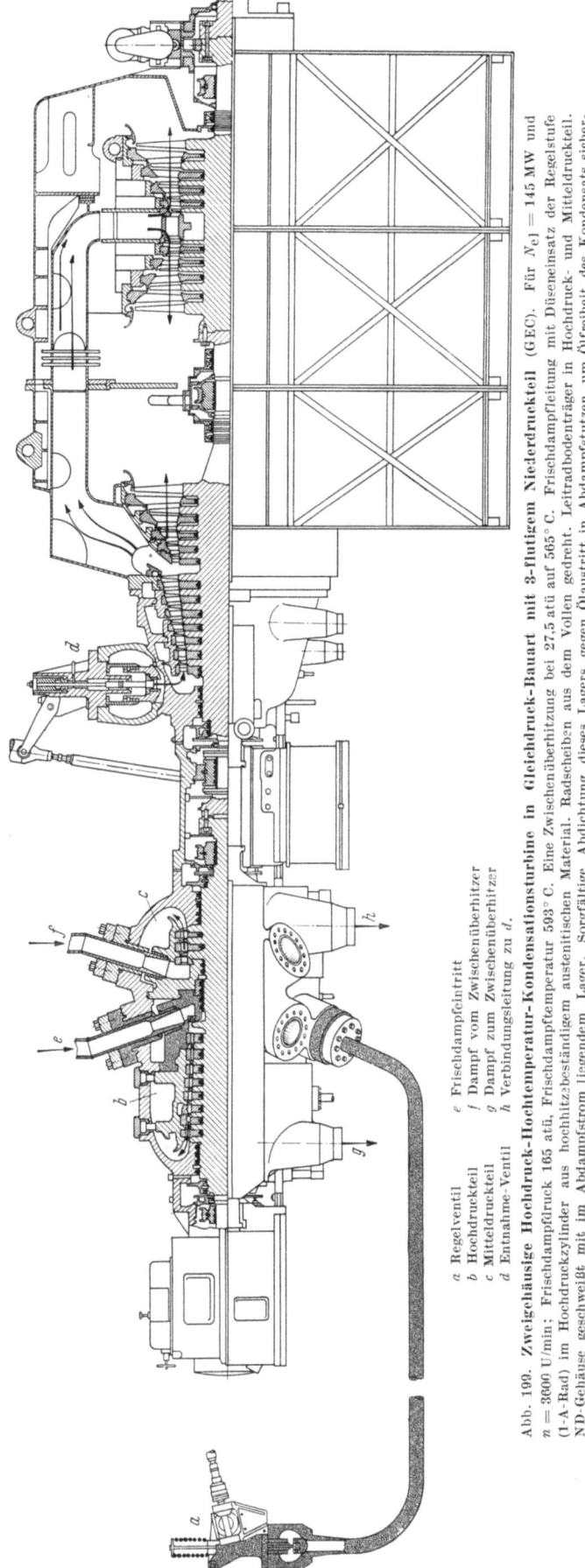

a Regelventil
b Hochdruckteil
c Mitteldruckteil
d Entnahme-Ventil
e Frischdampfeintritt
f Dampf vom Zwischenüberhitzer
g Dampf zum Zwischenüberhitzer
h Verbindungsleitung zu *d*.

Abb. 199. **Zweigehäusige Hochdruck-Hochtemperatur-Kondensationsturbine in Gleichdruck-Bauart mit 3-flutigem Niederdruckteil** (GEC). Für $N_{el} = 145$ MW und $n = 3000$ U/min; Frischdampfdruck 165 atü, Frischdampftemperatur 593° C. Eine Zwischenüberhitzung bei 27,5 atü auf 565° C. Frischdampfleitung mit Düseneinsatz der Regelstufe (1-A-Rad) im Hochdruckzylinder aus hochhitzebeständigem austenitischen Material. Radscheiben aus dem Vollen gedreht. Leitradbodenträger in Hochdruck- und Mitteldruckteil. ND-Gehäuse geschweißt mit im Abdampfstrom liegendem Lager. Sorgfältige Abdichtung dieses Lagers gegen Ölaustritt in Abdampfstutzen, um Ölfreiheit des Kondensats sicherzustellen, bzw. um ein Eindringen von Abdampf in das Lager zu verhüten. Abdampfstutzen seitlich angeordnet, um Bauhöhe des Kondensatorkellers zu verringern.

Quellenverzeichnis und Literatur über Dampfturbinen.

Bücher:

Bauer: Der Schiffsmaschinenbau III/IV. München: Oldenbourg 1941.
Dubbels Taschenbuch für den Maschinenbau, Bd. II, 11. Auflage. Berlin/Göttingen/Heidelberg: Springer 1953.
Flügel: Die Dampfturbinen. Leipzig: J. A. Barth 1931.
Karraß: Die Bauteile der Dampfturbinen. Berlin: Springer 1927.
Kraft: Die Dampfturbine im Betrieb, 2. Aufl. Berlin/Göttingen/Heidelberg: Springer 1952.
Stodola: Dampf- und Gasturbinen. Berlin: Springer 1924.
Zietemann: Dampfturbinen, 2. Aufl. Berlin/Göttingen/Heidelberg: Springer 1955.
F. Gade, L. Spennemann u. M. Stegemann: Amerikanische Dampfkraftwerke. München: C. Hanser 1952.

Zeitschriften:

Brennstoff, Wärme, Kraft. VDI, Düsseldorf
Engineering, London.
Forsch. Ing. Wes. VDI, Düsseldorf.
Mechanical Engineering, New York.
Power, New York.
Transactions of The ASME, New York.
Zeitschrift d. VDI, Düsseldorf.

Firmen-Zeitschriften:

AEG-Mitteilungen.
BBC-Mitteilungen und Nachrichten.
Escher Wyss-Mitteilungen.
Heaton Works Journal, Parsons, England.
Siemens-Zeitschrift.
Firmen-Druckschriften und Zeichnungen.

Abgekürzte Firmenbezeichnungen.

AEG	= Allgemeine Elektricitätsgesellschaft, Berlin.
Allis-Chalmers	= Allis-Chalmers Manufacturing Co., Milwaukee (USA).
BBC	= Brown, Boveri & Cie. AG., Mannheim u. Baden (Schweiz).
Blohm und Voß	= Blohm und Voß, Hamburg.
Borsig	= Rheinmetall-Borsig A. G. Werk Borsig, Berlin.
English Electric	= The English Electric Co Ltd., Rugby (England).
EBM	= Erste Brünner Maschinen-Fabriks-Gesellschaft, Brünn (Tschechoslowakei).
EW	= Escher Wyss AG, Zürich (Schweiz).
GEC	=: General Elektric Co., Schenectady (USA).
KKK	= Kühnle, Kopp & Kausch, Frankenthal/Pfalz.
Krupp	= Friedrich Krupp AG. Germaniawerft, Kiel-Gaarden.
MAN	= Maschinenfabrik Augsburg-Nürnberg AG., Nürnberg.
Metro-Vickers	= Metropolitan-Vickers Electrical Co. Ltd., Manchester (England).
Parsons	= C. A. Parsons & Co. Ltd., Newcastle upon Tyne (Engl.).
SSW	=: Siemens-Schuckert-Werke AG., Berlin.
Westinghouse	= Westinghouse Electric & Manufactoring Co., Philadelphia (USA).
Wagner	= Wagner-Hochdruck-Dampfturbinen AG., Hamburg.
Wumag	= VEB Görlitzer Maschinenbau, Görlitz.

If you have any concerns about our products,
you can contact us on
ProductSafety@springernature.com

In case Publisher is established outside the EU,
the EU authorized representative is:
**Springer Nature Customer Service Center GmbH
Europaplatz 3, 69115 Heidelberg, Germany**

Printed by Libri Plureos GmbH
in Hamburg, Germany